空天前沿技术丛书

激光支持脉冲等离子体推力器
工作过程建模与仿真

吴建军　张　宇　谭　胜　著

科学出版社

北　京

内 容 简 介

本书系统介绍激光支持脉冲等离子体推力器的基本概念、工作原理、工作过程和数值仿真方法；具体阐述推力器固体工质激光烧蚀、烧蚀羽流膨胀、等离子体电离与加速等过程的建模方法，仿真揭示固体工质的热传导、相变、蒸发和相爆炸机制，阐明固体工质的热烧蚀、组分演化、加速输运等行为机制。

本书可供从事空间电推进器总体设计、数值仿真、系统优化等方向研究的科研人员和工程技术人员阅读，也可作为航空宇航科学与技术、能源动力等相关专业研究生的参考用书。

图书在版编目（CIP）数据

激光支持脉冲等离子体推力器工作过程建模与仿真 / 吴建军，张宇，谭胜著. -- 北京：科学出版社，2025.6.--（空天前沿技术丛书）. -- ISBN 978-7-03-081654-2

Ⅰ.V43

中国国家版本馆 CIP 数据核字第 2025WD3325 号

责任编辑：张艳芬 / 责任校对：崔向琳
责任印制：师艳茹 / 封面设计：无极书装

科学出版社 出版
北京东黄城根北街 16 号
邮政编码：100717
http://www.sciencep.com

中煤（北京）印务有限公司印刷
科学出版社发行 各地新华书店经销

*

2025 年 6 月第 一 版 开本：720×1000 1/16
2025 年 6 月第一次印刷 印张：12 1/4
字数：247 000

定价：120.00 元

（如有印装质量问题，我社负责调换）

"空天前沿技术丛书"编委会

"空天前沿技术丛书" 序一

　　探索浩瀚宇宙，发展航天事业，建设航天强国，是我们不懈追求的航天梦。现代空天技术已经发展和应用了一百多年，一直是科学技术的前沿领域，大大增强了人类理解、进入和利用空间的能力，引领着科学技术的发展和工业技术的进步。今天，无论是国家安全、经济发展，还是我们的日常生活，无不处处有空天技术的作用和影响。空天技术目前仍然是一门不断发展进步和创造奇迹的学科。新概念、新方法、新技术、新疆界等不断激励着空天技术领域的科学家和工程师去挑战极限、开辟新战场，赋能各行各业。

　　"空天前沿技术丛书"是在国防科技大学建校 70 周年之际，空天科学学院与科学出版社精细论证后组织出版的系列图书。国防科技大学空天科学学院源自"哈军工" (中国人民解放军军事工程学院)的导弹工程系，是由钱学森先生倡导创建的。该院六十多年来一直致力于航天学科的建设和发展，拥有先进的教学理念、雄厚的师资力量、优良的传统和学风，为我国航天领域培养和造就了大批高水平人才，取得了众多蜚声海内外的成果。

　　这套丛书旨在集中传播空天技术领域的前沿技术，展示空天飞行器、新型推进技术、微纳集群卫星、航天动力学、计算力学、复合材料等领域的基础理论创新成果，介绍国防科技大学在高超声速、载人航天、深空探测、在轨服务等国家重大工程中的科研攻关探索实践。丛书编写人员大多是奋战在祖国科研一线的青年才俊，他们在各自的专业领域埋头耕耘，理论功底扎实，实践经验丰富。

　　相信这套丛书的出版，将为发展我国空天领域的前沿科技、促进研究和探索相关重大理论和实践问题带来一些启迪和帮助。一代代科研人员在空天前沿科技领域的深入耕耘和刻苦攻关，必将推动新时代空天科技创新发展，为科技强军和航天强国做出新的更大贡献。

中国工程院院士

中国载人航天工程总设计师

"空天前沿技术丛书" 序二

当今，世界正经历百年未有之大变局，新一轮科技革命和产业变革蓬勃兴起。空天技术是发展最迅速、最活跃、最有影响力的领域之一，其发展水平体现了一个国家的科技、经济和军事等综合实力。

空天技术实现了人类憧憬数千年走出地球的梦想，改变了人类文明进程，带动了国家经济发展，提升了人民生活水平。从第一架飞机起飞、第一颗人造卫星进入太空，到构建全球卫星导航系统，再到今天的快速发射、可重复使用、临近空间高超声速飞行等尖端科技领域的快速发展，空天领域的竞争与合作深刻影响着国家间的力量格局。

空天技术是跨学科、跨领域、跨行业的综合性科技。近年来，国防科技大学空天科学学院紧贴制衡强敌、制胜空天的战略需求，以国家重大工程为牵引，大力推动核心科技自主可控、技术与军事深度融合、空天与智能跨域交叉，产出了一大批高水平成果。

我的父亲毕业于"哈军工"，也就是国防科技大学的前身，他身上的"哈军工"精神一直感染着我。作为国防科技大学空天科学学院的一员，我既是学院一系列空天科技创新的参与者，又是学院奋进一流的见证者，倍感荣幸和自豪。

"空天前沿技术丛书"是国防科技大学空天科学学院与科学出版社深入细致论证后组织出版的系列图书。丛书集中展示了力学、航空宇航科学与技术和材料科学与技术领域的众多科研历程，凝结了数十年攻关的累累硕果。丛书内容全面、紧贴前沿、引领性强。相信本套丛书的出版对于围绕国家战略需求推动科技前沿探索，尤其是航空航天领域的创新研究和重大科技攻关，将产生重要推动作用。

中国科学院院士
航天科技集团科技委主任

前　言

　　激光支持脉冲等离子体推力器作为将激光推进与脉冲等离子体推力器相结合的一种新型推力器，具有推进效率高、比冲高、工质可选择范围广、元冲量精确可控和推力易调节等优点，可以为微小卫星姿态控制、轨道机动和编队飞行等提供精确推力。该推力器首先利用激光烧蚀工质产生羽流(一般激光烧蚀产生的羽流电离率不高，含有较多的中性气体成分)，然后在后续的放电加速通道中将激光烧蚀等离子体进一步电离和加速。它能够有效解决脉冲等离子体推力器存在的滞后烧蚀和火花塞点火积碳问题。

　　21 世纪初，Kawakami 等最早提出激光支持脉冲等离子体推力器的概念，并通过实验验证了激光支持脉冲等离子体推力器在推进性能上相比于脉冲等离子体推力器的优势。但是，激光支持脉冲等离子体推力器的工作过程涉及多种物理现象，包括固体工质瞬态激光烧蚀、激光等离子体能量沉积与屏蔽、等离子体输运及其组分演化。这些过程相互交织，内部工作机制极为复杂。同时，推力器实际工作过程为非定常状态，电、磁、热、光等多物理场相互耦合，脉冲激光辐照和放电时间短，等离子体空间变化尺度小，使得实验测量非常困难。相比之下，采用计算机数值仿真的方法研究激光支持脉冲等离子体推力器的工作过程与机理已成为一种可行且有效的方法。近年来，随着计算机技术的发展，数值仿真方法成为开展激光支持脉冲等离子体推力器工作机理研究不可或缺的工具。

　　本书开展了激光支持脉冲等离子体推力器工作过程的数值仿真研究，建立了多种金属和聚合物工质的激光烧蚀模型、激光烧蚀羽流运动与演化模型、Al/PTFE(polytetrafluoroethylene，聚四氟乙烯)复合工质烧蚀模型，以及激光支持脉冲等离子体推力器的性能仿真模型，研究内容几乎涵盖了激光支持脉冲等离子体推力器工作过程相关的数值仿真方法，揭示了激光支持脉冲等离子体推力器的烧蚀、电离、运动和推进机理，研究成果已大量发表于国内外学术期刊和会议。

　　本书由吴建军、张宇、谭胜共同完成，吴建军负责全书的策划、统筹、审定和校对。本书内容包含作者团队指导的张代贤博士、欧阳博士、杜忻洳硕士的部分研究成果。在读研究生马正雪、王陈文、彭建誉、王睿和工程师熊卓君、陈雨霏在排版、校对和修改过程中做了大量工作，在此一并表示感谢。

　　本书的出版得到了国家自然科学基金创新研究群体项目(T2221002)的资助，在此表示感谢。

　　限于作者水平，书中难免存在不妥之处，恳请读者批评指正。

作　者

2025 年 1 月

目　　录

第1章 概 述

1.1 研 究 背 景

　　微小卫星是微电子、微机械、新材料、计算机等领域高新技术和空间探索任务发展的产物，具有质量轻、体积小、研制周期短、功能密度大、发射灵活、成本低、组网快和生存能力强等优势。民用方面，微小卫星在空间通信与导航、高分辨率对地遥感、科学研究与技术验证、深空探测、高校培训等领域发挥着重要作用；军用方面，微小卫星对突发事件处理、空间控制与力量运用、信息化条件下的联合作战等方面产生了重要影响。随着微小卫星技术的进一步发展，它将在军民用方面发挥越来越重要的作用[1-4]。

　　微小卫星、微小卫星星座的轨道或姿态很容易在多种干扰下变得不稳定，进而无法充分发挥其作用或者发挥作用时间很短。同时，为了完成特定的任务，如主动离轨、避撞，微小卫星还需要具备一定的轨道机动能力。因此，必须为微小卫星配备特定的推进系统。根据微小卫星的特点和任务需求，对其配备的推进系统提出了以下特殊要求[5-8]。

　　(1) 质量小、体积小、功耗小。由于微小卫星本身的质量和尺寸较小，因此对推进系统的质量、尺寸和功耗提出了严格的要求，以便为微小卫星留出足够的资源给其他有效载荷。

　　(2) 最小元冲量小。微小卫星星座高精度姿轨控所需的最小元冲量很小，其值可低至亚微牛秒量级。

　　(3) 比冲高。比冲高能使推进系统在有限的工质质量下，产生较高的总冲量，以提高推进系统所能完成的任务量。

　　(4) 电磁干扰小。由于微小卫星的紧凑性，它们的所有子系统安装较为紧凑，由推进系统引起的任何静电或电磁干扰，都可能对机载电子设备造成影响甚至损害，进而阻碍任务的进行或完成。

　　(5) 成本低。微小卫星极具吸引力的优势之一在于其研发成本和发射成本低，这对其携带的推进系统的成本也提出了严格的要求。

　　(6) 安全性高。目前的微小卫星大多是作为大型卫星的搭载卫星进行发射，因此大型卫星的发射方对其搭载的微小卫星的安全性提出了较高的要求。

传统的化学推进很难满足上述各项要求，因此必须寻求其他推进方式为微小卫星提供动力。固体烧蚀型脉冲等离子体推力器(ablative pulsed plasma thruster, APPT)作为第一种成功应用于空间飞行的电推力器，其工作过程如下：火花塞点火使暴露在两电极之间的工质表面诱导出高温放电电弧，工质烧蚀并产生等离子体；等离子体在洛伦兹力和气动力的共同作用下喷出，从而产生推力[9]。APPT 具有系统简洁、易于小型化、成本低、比冲较高和元冲量精确可控等优势，非常适合作为微小卫星的星载微推进系统。目前已有二十多种型号的 APPT 成功实现了空间应用[8, 10-13]。但是，从空间应用的 APPT 性能来看，其推进效率都不高，这是因为阴阳极板之间诱导的高温放电电弧直接与固体工质相互作用，使得放电末期的放电能量较低时，仍然有较多的工质被烧蚀出来而没有被有效电磁加速，即滞后烧蚀[14-16]，这部分工质以较低的速度喷出，从而限制推进效率的提高。此外，APPT 还存在火花塞点火积碳和羽流污染问题[17]。

随着激光技术的发展，Kantrowitz[18]提出将激光技术用于航天推进领域，激光推进由此诞生。虽然激光推进的研究进展显著，但是用地基激光直接进行航天发射、轨道转移、轨道碎片清除等应用还有一些关键技术需要解决[19-22]。基于激光推进的现实应用考虑，以及激光器向着体积小、质量小、功率大的方向发展，Phipps[23, 24]于 1993 年提出将激光器搭载在航天器上用于空间微推进的设想，并于 2000 年[25]提出激光等离子体微推力器(micro-laser plasma thruster，μLPT)的概念。μLPT 是利用聚焦后的激光烧蚀工质表面，产生微小喷射物进而产生推力的微推力器，具有质量轻、可靠性高、结构简单、推力可调等优势。但是，μLPT 的一些推进性能，如推力、比冲等还有待进一步提高。

为了提高传统电推进和激光推进系统的推进性能并简化系统构成，有学者提出激光支持脉冲等离子体推力器(laser-assisted pulsed plasma thruster，LAPPT)的概念[26]。虽然 LAPPT 使用激光点火代替火花塞点火的新思想，但是仍然存在一些有待提高之处。首先，工质暴露在放电通道中，"滞后烧蚀"现象仍然存在，因此会限制推进效率的提高[7]，同时使工质的单脉冲烧蚀质量不可控。其次，使用的工质必须是电绝缘材料，这限制了工质的可选择范围。基于对 APPT 和 LAPPT 的分析，张代贤[17]对 LAPPT 进行了改进，即利用陶瓷管将工质和放电通道隔离开。由于改进后的 LAPPT 利用陶瓷管将工质和放电通道隔离开，使放电电弧不能对工质进行烧蚀，因此有望抑制"滞后烧蚀"现象。同时，这也使导电材料可以作为工质的候选材料，从而使其可以像激光推进那样使用任意凝聚体作为工质[27]。

因此，LAPPT 将有可能解决 APPT 存在的推进效率低和火花塞点火积碳等问题，同时具有推进效率高、比冲高、工质可选择范围广、元冲量精确可控和推力可调整性高等优点，有望为微小卫星的轨道机动、姿态控制和编队飞行等提供精准推力。

虽然 LAPPT 推进性能的优越性得到了实验的验证，但是 LAPPT 在较短的时间和较小的空间内存在激光烧蚀工质、激光等离子体羽流膨胀、激光等离子体诱导放电，以及等离子体电离与加速之间的强烈耦合关系，光、电、磁、热的相互影响在时空上叠加，给研制 LAPPT 增添了难度。因此，目前对 LAPPT 工作过程和工作机理的认识还不够系统、深入，不利于 LAPPT 推进性能的进一步提升，同时阻碍 LAPPT 工程化应用进程。

本书以 LAPPT 的工作过程和工作机理研究为主要内容，针对 LAPPT 固体工质瞬态激光烧蚀、烧蚀等离子体能量沉积与屏蔽、羽流运动与组分演化等过程开展系统的数值模拟研究。

1.2　激光-电磁复合推进系统研究概况

Kawakami 等[26]和 Horisawa 等[28-43]提出激光-电磁复合推进的概念。激光-电磁复合推进系统采用激光辐照工质产生等离子体的同时，又采用静电场、电磁场加速等离子体的方法，可以获得更高的比冲。激光-电磁复合推进所能衍生出的推力器种类很多。根据推力器自身储能和激光能量这两者对能量贡献的大小，可将激光-电磁复合推进系统划分为纯电推进(其激光能量为 0)、激光支持的电推进(其储能元件释放能量占优)、纯激光推进(其储能元件释放能量为 0)、电磁辅助的激光推进(其激光能量占优)。另外，根据电极布置、等离子体密度，以及输入电功率等因素的不同，可以按照等离子体加速机制将激光-电磁复合推进系统分为三种类型，即静电场加速型、电磁场加速型、电热加速型。电热加速是利用电流将等离子体加热膨胀而加速，在这个过程中伴随有电磁加速。Kawakami 等[26]和 Horisawa 等[28-43]对这些多种类型的激光-电磁复合推进系统分别开展了相关基础研究工作。

如图 1-1(a)所示，激光-静电场耦合加速是指采用激光聚焦在固体工质或推进剂上，然后利用静电场对激光烧蚀产物进一步加速。在激光烧蚀过程中，电子、离子由工质表面脱离，并被静电场进一步加速，理论上可获得较高比冲。

Horisawa 等[33,34,36,39,40,44,45]对激光-静电场耦合加速推力器的研究结果表明,对加速电极施加相反的电压所产生的加速性能是不同的,采用正偏压比采用负偏压更能有效提高激光等离子体或由库仑爆炸产生的正离子的加速性能。纯激光烧蚀模式下, 离子平均速度为 17km/s, 此时单脉冲能量为 40μJ/pulse, 脉冲宽度为 250ps。当加速偏压为+100V, 推力为 2.9μN, 比冲为 1800s 时,所达到的离子速度为 25km/s。Horisawa 研究了极板长度和极板间距对平行极板型激光辅助脉冲等离子体推力器(pulsed plasma thruster,PPT)推进性能的影响。

如图 1-1(b)所示,激光-电磁场耦合加速系统可称为激光支持脉冲等离子体推力器(laser assisted pulsed plasma thruster,LAPPT)。其基本原理是, 首先,激光烧蚀固体工质产生初始等离子体;然后,利用电弧放电进一步电离烧蚀产物,从而在等离子体运动区域形成放电通道;最后,在放电通道中产生的自洽磁场的作用下,由洛伦兹力加速粒子,最终形成推力。

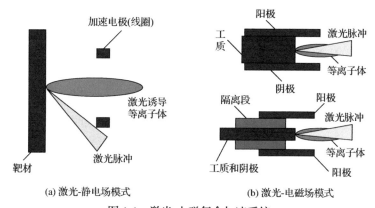

(a) 激光-静电场模式　　　　　　　(b) 激光-电磁场模式

图 1-1　激光-电磁复合加速系统

Horisawa 等[26,28,30,38-40,46,47]研究了 LAPPT 的放电和电磁加速特性。按照极板和放电通道的几何构型,LAPPT 分为平行极板型和同轴型(图 1-1(b))。研究表明,元冲量随比冲线性增加,然而冲量耦合系数随能量增加而减小,其最大值为 20.8μN · s/J。在 8.65J 工况下,元冲量为 38.1μN · s, 比冲为 3791s,系统推进效率为 8%,冲量耦合系数为 4.3μN · s/J;在较大的放电通道体积下,推力器的推进性能更高。研究结果证实了 LAPPT 的高性能与可行性。然而,他们仅研究了推力器的推进性能和放电特性。在 LAPPT 基础研究方面, 尚有以下方面需要探索:

(1) 激光等离子体喷射之后,工质表面大粒子喷射的产生机理,以及减少烧蚀产物中大颗粒物质和中性气体的方法。

(2) 极板构型、外加磁场等对激光等离子体的产生及运动的作用规律。

(3) 激光烧蚀产物在放电通道中的电离与加速机理。

1.3　LAPPT 数值仿真研究进展

作为激光烧蚀过程和电磁加速过程的结合体，LAPPT 的数值模型不但需要表征这两个过程，而且需要构建烧蚀产物与放电入口之间的物理边界条件。当前，尚无面向 LAPPT 整个物理过程的数值模型，研究者们针对单一的激光烧蚀或者单一的电磁加速过程开展了系统研究。

1.3.1　激光与固体靶材的相互作用

图 1-2 给出了激光与固体靶材相互作用的原理图。当激光辐射固体靶材时，激光能量被不透明的靶材吸收，靶材表面下的一个薄层被加热，促使表面温度持续升高。与此同时，能量向靶材的内部传导，使加热层的厚度不断增加。随着深度的增加，温度梯度会越来越小，导致热传导引起的热传播速度随时间而减小。因此，热传导通常只会渗透到靶材表面层一个很薄的厚度，这个深度通常称为渗透深度[48-53]。

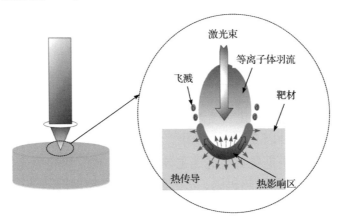

图 1-2　激光与固体靶材相互作用的原理图

由于激光渗透到靶材内部的能量较少，绝大部分激光能量沉积在靶材的表面，这将导致靶材表面与其附近区域的温度持续上升。当激光能量密度足够高时，靶材内部的电子被激光光子激发，通过碰撞使靶材的粒子热运动不断加剧。当其具有足够多的动能时，将摆脱周围粒子对其的束缚，产生熔化、气化和升华等物理过程，以及相应的质量迁移，进而导致靶材烧蚀表面退缩[48-52]。这种激光辐射材料表面导致的质量迁移、消蚀或散失等现象称为激光烧蚀[54-56]。当激光能量密度较大时，汽化的粒子温度很高，其被激发和电离，进而在靶材表面附近形成等离子体羽流[53]。

根据激光与靶材之间相互作用的原理分析，影响激光烧蚀靶材的因素可分为三类。其一是激光本身的参数，如激光波长、激光器类型、脉宽持续时间和激光功率等。其二是激光光路设计，这将影响激光的热通量密度和传播速度。其三是靶材本身的物化属性，如吸收系数、反射率、导热系数和烧蚀阈值等参数。改变这三类影响因素的数值，可定向调控靶材的烧蚀深度、激光能量沉积区域，以及热影响区的大小，进而实现不同的工程应用[53]。基于激光与材料相互作用的工程应用如表 1-1 所示。

表 1-1　基于激光与材料相互作用的工程应用

功率密度/(W/cm²)	激光体系	作用机理	主要应用	描述方法
≤10^8	脉冲	吸收、折射、光电效应	无损探测	波动方程
≤10^{-2}	连续			色散关系
$1\sim10^4$	连续	熔化、烧蚀、少量汽化	激光杀伤武器	热力学
$10^5\sim10^8$	振荡	熔化，烧蚀、弱等离子体	激光加工	热力学
$10^9\sim10^{13}$	毫秒	瞬态烧蚀、强电离	激光加工 激光武器 激光推进	热力学 辐射流体力学
$10^{13}\sim10^{14}$	纳秒			
$10^{14}\sim10^{17}$	皮秒	反常吸收、完全电离	激光点火	
$10^{18}\sim10^{21}$	飞秒	非热加载	粒子加速	分子动力学

通常来说，熔化、气化和喷溅是造成金属材料被烧蚀的主要因素，而非金属材料除了这三种因素之外，升华、化学反应和焦化等因素也会导致烧蚀表面退缩[55, 57-62]。根据靶材被烧蚀主导机制的不同，可将激光与靶材的相互作用机制分为三类，即光热机制、光化学机制和光物理机制[54,57]。对于光热机制而言，激光能量不足以让靶材分子的化学键断裂，激光能量以热能的形式沉积在推进剂表面，并通过热传导驱动靶材内部温度升高和后续烧蚀过程进行。此时，熔化、气化、升华和蒸发是造成靶材烧蚀的主要原因。光化学机制主要适用于分解反应造成靶材表面退缩的聚合物材料。在光化学机制中，材料被视为由长分子链组成的固体物质，链内分子由强共价键连接，不同长链分子间的相互作用较弱。当激光的光子能量大于共价键能时，电子被激发而导致化学键

断裂，材料被分解为小分子量产物。在多数实际情况中，光热机制和光化学机制将同时出现，共同影响材料的烧蚀过程，此时的作用机制称为光物理机制[54, 63-66]。

基于上述三种烧蚀机制，研究者建立了大量的数值仿真模型，以探究激光和固体材料之间的动态反应过程[55-57,59,60,62,66-99]。2016 年，张宇[100, 101]建立了考虑材料热物性参数变化、相变和非傅里叶导热效应的聚四氟乙烯靶材烧蚀模型，以及表征烧蚀羽流化学反应、电离、吸收和屏蔽过程的动力学模型，并且通过耦合聚四氟乙烯烧蚀，烧蚀羽流膨胀扩散和羽流组分演化等过程，完整地描述了聚四氟乙烯被激光烧蚀的热力学和动力学特性。2017 年，Wang 等[82,85]采用有限元分析的方法构建了脉冲激光烧蚀铝的数值模型。该模型不但可以追踪靶材表面的动态退缩变化，而且可以同时表征蒸发和相爆炸两种因素引起的烧蚀过程。2018 年，谭胜等[102,103]考虑靶材的相变、蒸发和相爆炸，烧蚀羽流的形成和膨胀，以及烧蚀羽流和入射激光之间的屏蔽效应等因素，建立了多物理场耦合模型，研究飞秒激光烧蚀铜的热传导过程。基于此模型可以精准预测靶材的温度分布、烧蚀质量和烧蚀深度。2021 年，Cha 等[104]建立了高保真数值模型，模拟脉冲激光烧蚀沟槽过程。与先前的模型不同，该模型通过对烧蚀过程建立正反馈调节机制，量化了多次脉冲激光的累积热量对整体烧蚀过程的影响，可模拟多次脉冲激光烧蚀靶材的热力学变化过程。

总的来说，上述模型能精准反映激光和固体靶材之间的相互作用机制，但是这些模型只适用于纯激光烧蚀过程。对于激光-电磁复合推力器的激光烧蚀过程，仍需要更具体的物理描述。一个是，构建固体推进剂表面、烧蚀产物与放电腔室三者之间物理边界条件，表征烧蚀过程与电磁加速过程之间的相互作用机制。另一个是，LAPPT 工作时，固体推进剂处于一种高温度梯度、大热通量和超短持续时间的环境，微小时间和微小空间尺度传热效应对推进剂相变、热传导和烧蚀表面退缩等物理过程的影响不能忽视，因此所建立的烧蚀模型需要考虑微小尺度传热效应。

1.3.2 等离子体羽流与电磁场的相互作用

激光烧蚀推进剂的产物主要是等离子体羽流。等离子体羽流在电磁场中的加速机理与电推进加速机理基本一致。因此，LAPPT 中烧蚀羽流与电磁场相互作用机制的表征可充分借鉴包含脉冲等离子体推力器、磁等离子体推力器和霍尔推力器等电推力器的电磁加速过程。

近年来，研究者针对电推力器的电磁加速过程建立了各种数值模型，深入探究了等离子体羽流与电磁场相互作用的机理。根据核心假设的不同,这些数值模型可分为机电模型、磁流体动力学模型和粒子模型三类[13, 105, 106]。其中,机电模型较为简单,可快速预测推力器的宏观推进性能;磁流体动力学模型将等离子体羽流视为连续流体,可对推力器的宏观推进性能和等离子体羽流的流动特性精准模拟;粒子模型从第一性原理出发,重点关注单个粒子的运动状态,可挖掘等离子体非热平衡动力学特征[107-112]。

机电模型主要应用于脉冲等离子体推力器等电容式放电推力器。其假设放电腔室内的工质完全电离为等离子体,并且在电容放电开始之前,等离子体已经充满整个放电腔室,可形成一个如图 1-3 所示的 RLC 放电回路[10, 113-115]。此时,放电腔室内的羽流可视为一块"电流片",电流片的质量等同于单次脉冲放电时间内推进剂的供给质量。根据 RLC 电路的基尔霍夫电压定律和电流片的牛顿第二定律,可描述电流片在电磁场间的运动情况,求解放电电压和放电电流的变化,估算推力器的元冲量、比冲和效率等推进性能[116]。由于机电模型忽略了推力器中具体的物理过程,而是将电磁加速简化为一个宏观电路中的电流片运动,因此此类模型无法反映等离子体羽流形成和发展的过程,也不能计算等离子体温度、推进剂表面温度和等离子体密度等微观参数。但是,机电模型简单、计算量小且可快速估算推力器的性能参数,因此机电模型被广泛应用于推力器样机设计和性能优化中。

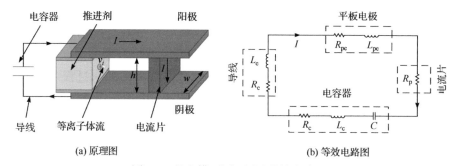

(a) 原理图   (b) 等效电路图

图 1-3 机电模型原理图及等效电路图

为了进一步提高机电模型的准确性,研究者对 Hart[117]提出的初始机电模型进行了改进。1970 年,Vondra 等[118]考虑气动力对电流片加速过程的影响,建立了耦合气动力源项的改进机电模型,并应用于 LES-6 号卫星的电推力器设计中。1982 年,魏荣华[119]考虑电磁加速过程中等离子体密度的动态变化,将等离子体羽流视为厚度随电流大小变化而改变的电流片,以此为基础建立扩散机电模型。2005 年,Laperriere 等[120]理论分析了放电过程中等离子体电阻和回路电感的动态变化，建立了能体现等离子体电阻和回路电感变化的新型机电模型。2013 年，张华等[109]通过建立一种耦合推进剂烧蚀的改进机电模型，量化了推进剂烧蚀质量流量对电磁加速过程的影响。2018 年，欧阳等[113,121]考虑微小尺度传热的非傅里叶导热效应和随烧蚀过程累积增加的羽流质量对电磁加速过程的影响，建立了能同时反映推进剂温度变化和等离子体羽流电磁加速的新型机电模型。2020 年，Li 等[114]通过重点区分带电等离子体和中性气体在放电通道内的不同加速原理，建立了一个既能表征等离子体电磁加速，又能描述中性气体热膨胀扩散的机电模型，可预测同轴式脉冲等离子体推力器的宏观性能。

磁流体动力学模型将等离子体视为连续介质，利用流体力学方程和麦克斯韦方程组，表征羽流在放电腔室内的电磁加速过程[122,123]。与机电模型相比，磁流体动力学模型考虑更多的物理过程，仿真结果更精准，可获取等离子体密度分布、温度分布和速度等特征参数，因此广泛应用于磁等离子体推力器和霍尔推力器等电推力器的数值模拟研究中[110,124,125]。

目前，国内外多个研究机构建立了成熟的磁流体动力学模型，用以分析电推力器工作过程的物理机制[126-136]。2005 年，Liron[137]针对电磁场非平衡放电过程，建立了可精准模拟等离子体羽流流场特性的三维磁流体动力学模型。该模型可应用于磁等离子体推力器、电弧喷射器、磁流体喷嘴和高马赫数飞行器等电磁加速过程。2009 年，尹乐[138]针对局部热力学平衡的等离子体温度特性，建立了基于磁流体动力学原理的三维非稳态双温模型(two-temperature model，TTM)，描述脉冲等离子体推力器的推进剂烧蚀、等离子体放电和电磁加速等过程，同时采用此模型探究了不同工作参数对推力器推进性能和流动特征的影响。2011 年，Parma[139]重点构建等离子体羽流和阴极之间鞘层边界条件，联结阴极温度与鞘层电压之间的关系，进而建立了一个可求解等离子体羽流在电磁场中温度、电压和电流密度等特性的磁流体动力学模型。2014～2015 年，Xisto 等[128]考虑等离子体羽流的可压缩性和等离子体电阻随流场的变化关系，建立了一个可反映磁等离子体推力器中电热加速和电磁加速两种加速机制的二维磁流体动力学模型，并且基于此模型研究了不同放电腔室结构对推进效率的影响。2018 年，为了模拟磁等离子体推力器在非稳态放电过程中的电磁加速机理，Mayigue[140]提出一种基于散度清理策略的磁流体动力学方程求解方法，采用有限体积离散框架，构建了一个可描述等离子体羽流中多重激波相互作用和平流-湍流相互转化的三维磁流体动力学模型。

机电模型和磁流体动力学模型具有各自独特的优势，在电推力器的各种研究中应用较广。与此同时，这两种模型受限于其核心假设，存在两个局限。第一个局限是，机电模型和磁流体动力学模型忽略了中性气体的电离过程，默认进入放电腔室的羽流完全电离。诸多实验结果表明，仅有10%～60%的中性气体会电离为等离子体，忽略羽流的电离过程将降低仿真模型的准确性。因此，机电模型求解的等离子体速度远低于实验值，磁流体动力学模型求解的推进剂消耗量也远低于实验值。第二个局限是，忽略了等离子体羽流的非连续性，默认放电腔室的羽流是连续介质。然而，由于电推力器工作时处于真空环境，电子密度极高，粒子平均自由程将达到毫米量级，放电腔室通常较小，因此难以满足连续介质条件。此外，不少实验结果已证明，多数等离子体羽流的产生和流动是非连续性过程[110, 111, 123, 124, 141-146]。

粒子模型基于粒子的物理特性，以第一性原理为核心，通过求解麦克斯韦方程、电流密度方程和粒子运动方程追踪微观粒子的运动，借以反映等离子体羽流中微观粒子的相互作用和输运特性，再对大量微观粒子进行统计平均以获得等离子体羽流的宏观特性和运动规律。尽管粒子模型的计算量和计算时间远大于机电模型和磁流体动力学模型，但是粒子模型重点关注羽流中离子、电子和中性粒子等微观粒子在电磁场中的运动，可捕捉其他模型中难以描述的壁面反应、电极鞘层，以及非平衡放电等物理过程。因此，粒子模型可更全面和深入地表征等离子体羽流和电磁场之间的相互作用机制。另外，粒子模型以微观粒子为研究对象，原则上此类模型可应用于任何电推力器的仿真研究[141-143, 147-150]。

基于粒子模拟的方法，不少研究单位针对电推力器的不同过程建立了准确的数值模型[145, 146, 151-158]。2012～2015年，汤海滨团队[130, 159-161]针对磁等离子体推力器中等离子体羽流与电磁场的相互作用关系，采用将粒子云网格方法和蒙特卡罗碰撞方法相结合的建模方法，构建了一个二维轴对称模型，并且详细阐述了模型求解算法、边界条件和计算加速方法。基于此模型，汤海滨进一步探究了磁等离子体推力器中的电磁加速机制和能量转换机制，结果表明涡旋加速是磁等离子体推力器推力生成的核心机制，并且磁喷管可有效将粒子的径向/切向能量转换为轴向动能。2016年，Sun等[162]将蛙跳算法、速度Verlet算法、自适应粒子管理算法和并行计算方法结合，建立了一个适用于低压电容耦合射频放电的粒子模型。该模型可精准描述边界层和鞘层区域中等离子体和电磁场的动态反应关系。2018年，杨乐等[163]充分考虑了电子与中性原子之间的碰撞、激发碰撞和电离碰撞，离子和中性原子之间的弹性碰撞和电荷碰撞，以及电子和电子的碰撞，量化霍尔推力器不同区域的玻姆扩散强度，建立了能够反映等离子体羽流在霍尔推力器中运动的粒子模型，误差低于 15%。2020 年，周明鉴[164]采用粒子模型的方法开发了适用于离子推力器的空心阴极求解器，重点探究了空心阴极中等离子体和时变电磁场之间的相互作用关系，利用该模型可表征空心阴极的电离过程、等离子体演化和分布，以及带电粒子的电磁加速等物理过程。2021 年，刘祺[165]基于蒙特卡罗碰撞的粒子模型，开展了对脉冲等离子体推力器工作过程的数值模拟研究，揭示了脉冲电磁场下等离子体羽流的运动扩散机理，并且探究了放电腔室构型对电磁加速过程的影响。

1.4　本书内容安排

第 1 章为概述，介绍 LAPPT 的研究背景及其仿真研究进展。

第 2 章介绍金属铜工质的瞬态激光烧蚀过程建模与仿真研究，建立考虑非傅里叶热传导、激光等离子体吸收与屏蔽作用的铜工质烧蚀模型，仿真揭示延迟时间、激光能量、靶材初温等参数对烧蚀特性的影响规律。

第 3 章介绍金属铝工质的瞬态激光烧蚀及羽流运动特性建模与仿真研究，建立考虑工质相爆炸、物性参数随温度变化、羽流对激光能量吸收与屏蔽的铝工质烧蚀及羽流运动模型，仿真揭示工质的温度分布特性，以及羽流速度、温度、数密度的分布特性。

第 4 章介绍聚四氟乙烯工质的瞬态激光烧蚀及羽流运动特性建模与仿真研究，建立考虑工质相变、物性参数随温度变化、羽流对激光能量吸收与屏蔽的聚四氟乙烯工质烧蚀及羽流运动模型，仿真揭示聚四氟乙烯的工质烧蚀特性、羽流热化学特性和运动特性。

第 5 章介绍 Al/PTFE 复合工质的瞬态激光烧蚀过程建模与仿真研究，建立考虑工质相变、金属粒子剥蚀、跨介质热传导的 Al/PTFE 复合工质烧蚀模型，仿真揭示不同激光能量条件下的工质温度分布特性和界面移动特性。

第 6 章介绍 LAPPT 性能建模与仿真研究，建立带外加磁场的 LAPPT 机电模型，揭示电参数、电流片初始状态、等离子体参数和外加磁场强度对推力器性能的影响规律。

参 考 文 献

[1] Rycroft M, Crosby N. Smaller Satellites: Bigger Business: Concepts, Applications and Markets for

Micro/Nanosatellites in a New Information World[M]. Berlin: Springer, 2002.

[2] 林来兴. 国外微小卫星在空间攻防中的应用研究[J]. 装备学院学报, 2006, 17(6): 47-49.

[3] 尤政. 空间微系统与微纳卫星[M]. 北京: 国防工业出版社, 2013.

[4] Levchenko I, Bazaka K, Ding Y, et al. Space micropropulsion systems for cubesats and small satellites: From proximate targets to furthermost frontiers[J]. Applied Physics Reviews, 2018, 5: 11104.

[5] Mueller J. Thruster options for microspacecraft: A review and evaluation of existing hardware and emerging technologies[R]. New York: American Institute of Aeronautics and Astronautics, 1997.

[6] 林来兴. 现代小卫星的微推进系统[J]. 航天器工程, 2010, 19(6): 13-20.

[7] 谭胜, 吴建军, 张宇, 等. 激光支持的空间微推进技术研究进展[J]. 推进技术, 2018, 39(11): 2415-2428.

[8] Dan L, Roger M M, Kristina M L, et al. The technological and commercial expansion of electric propulsion[J]. Acta Astronautica, 2019, 159: 213-227.

[9] Burton R L, Turchi P J. Pulsed plasma thruster[J]. Journal of Propulsion and Power, 1998, 14(5): 716-735.

[10] Wu Z, Huang T, Liu X, et al. Application and development of the pulsed plasma thruster[J]. Plasma Science and Technology, 2020, 22: 94014.

[11] Molina-Cabrera P, Herdrich G, Lau M, et al. Pulsed plasma thrusters: A worldwide review and long yearned classification[C]//The 32nd International Electric Propulsion Conference, 2011.

[12] Rezaeiha A, Schönherr T. Review of worldwide activities in liquid-fed pulsed plasma thruster[J]. Journal of Propulsion and Power, 2014, 30(2): 253-264.

[13] 谭胜, 吴建军, 张宇, 等. 脉冲等离子体推力器研制进展[C]//第十四届中国电推进学术研讨会, 2018.

[14] Spanjers G G, McFall K A, Gulczinski G S, et al. Investigation of propellant inefficiencies in a pulsed plasma thruster[R]. New York: American Institute of Aeronautics and Astronautics, 1996.

[15] Koizumi H, Noji R, Komurasaki K, et al. Study on plasma acceleration in an ablative pulsed plasma thruster[R]. New York: American Institute of Aeronautics and Astronautics, 2007.

[16] Glascock M S, Rovey J L, Williams S, et al. Observation of late-time ablation in electric solid propellant pulsed microthrusters[R]. New York: American Institute of Aeronautics and Astronautics, 2016.

[17] 张代贤. 激光支持脉冲等离子体推力器理论、实验与仿真研究[D]. 长沙: 国防科学技术大学, 2014.

[18] Kantrowitz A. Propulsion to orbit by ground-based lasers[J]. Astronautics and Aeronautics, 1972, 10(5): 74-76.

[19] Phipps C, Birkan M, Bohn W, et al. Review: Laser-ablation propulsion[J]. Journal of Propulsion and Power, 2010, 26(4): 609-637.

[20] 洪延姬, 李修乾, 窦志国. 发展中的激光推进[J]. 推进技术, 2009, 30(4): 490-594.

[21] 郑志远, 高华, 樊振军, 等. 激光等离子体推进技术研究进展[J]. 科技导报, 2012, 30(28): 70-74.

[22] Levchenko I, Bazaka K, Mazouffre S, et al. Prospects and physical mechanisms for photonic space

propulsion[J]. Nature Photonics, 2018, 12: 649-657.

[23] Phipps C R. Efficient space propulsion engines based on laser ablation[C]//Proceedings of the Los Alamos Technology Exchange Workshop, 1993.

[24] Phipps C R. Modification of earth-satellite orbits using medium-energy pulsed lasers[C]//The 9th International Symposium on Gas Flow and Chemical Lasers Meeting, 1992.

[25] Phipps C R, Luke J, Marquis J. Diode laser-based microthrusters: A new departure in high I_{sp}, long-life engines[R]. New York: American Institute of Aeronautics and Astronautics, 2000.

[26] Kawakami M, Lin W W, Igari A, et al. Plasma behaviors in a laser-assisted plasma thruster[R]. New York: American Institute of Aeronautics and Astronautics, 2003.

[27] Tan S, Wang M, Wu J, et al. A study on the plasma plume expansion dynamics of nanosecond laser ablation Al/PTFE[J]. Energies, 2020, 13: 3321.

[28] Horisawa H, Sasaki Y, Funaki I, et al. Electromagnetic acceleration characteristics for a laser-electric hybrid thruster[C]//The 44th AIAA/ASME/SAE/ASEE Joint Propulsion Conference & Exhibit, 2008.

[29] Sasaki Y, Horisawa H, Funaki I, et al. Thrust performance of electromagnetic acceleration mode for laser-electric hybrid thrusters[C]//International Electric Propulsion Conference, 2007.

[30] Ayabe T, Horisawa H, Funaki I, et al. Rectangular laser-electromagnetic hybrid pulsed plasma thruster[C]//International Electric Propulsion Conference, 2007.

[31] Sasaki K, Takeda A, Horisawa H, et al. Electromagnetic Acceleration Characteristics of Laser Electric Hybrid Thrusters[M]. New York: American Institute of Physics, 2006.

[32] Horisawa H, Kimura I. Laser-electrostatic hybrid acceleration for high-specific-impulse propulsion systems[C]//Proceedings of SPIE, High-Power Laser Ablation VI, 2006.

[33] Igari A, Horisawa H, Kimura I. Ion acceleration characteristics of a laser electrostatic hybrid microthruster[J]. AIP Conference, 2006, 766: 442-451.

[34] Horisawa H, Sasaki K, Igari A, et al. Electrostatic and electromagnetic acceleration in a laserelectric hybrid thruster[C]//The 29th International Electric Propulsion Conference, 2005.

[35] Horisawa H, Kawakami M, Kimura I. Laser-assisted pulsed plasma thruster for space propulsion applications[J]. Applied Physics A, 2005, 81: 303-310.

[36] Horisawa H, Igari A, Uchida Y, et al. Electrostatic acceleration mode of laser-electric hybrid thrusters[C]//The 41st AIAA/ASME/SAE/ASEE Joint Propulsion Conference & Exhibit, 2005.

[37] Kuramoto H, Oyaizu K, Horisawa H, et al. Fundamental study of a forward laser plasma accelerator for space propulsion applications[C]//Beamed Energy Propulsion, 2004.

[38] Kawakami M, Igari A, Horisawa H, et al. Characterization of a laser-assisted pulsed plasma thruster[C]//The Second International Symposium on Beamed Energy Propulsion, 2004.

[39] Horisawa H, Kawakami M, Kimura I. Laser-electric hybrid propulsion system for microthrusters[C]//High-Power Laser Ablation V, 2004.

[40] Horisawa H, Igari A, Kawakami M, et al. Discharge characteristics of laser-electric hybrid thrusters[R]. New York: American Institute of Aeronautics and Astronautics, 2004.

[41] Horisawa H, Kuramoto H, Emura H, et al. A relativistic laser-accelerated plasma thruster for space propulsion[R]. New York: American Institute of Aeronautics and Astronautics, 2002.

[42] Horisawa H, Kimura I. Fundamental study on laser plasma accelerator for propulsion applications[J]. Vacuum, 2002, 65(3-4): 389-396.

[43] Horisawa H, Kimura I. Characterization of novel laser particle accelerators for space propulsion[C]. The 35th Intersociety Energy Conversion Engineering Conference and Exhibit, 2000.

[44] Ono T, Uchida Y, Horisawa H. Laser-electrostatic acceleration characteristics of a laser-electric hybrid thruster[R]. New York: American Institue of Aeronautics and Astronautics, 2008.

[45] Ono T, Uchida Y, Horisawa H, et al. Measurement of ion acceleration characteristics of a laser-electrostatic hybrid microthruster for space propulsion applications[J]. Vacuum, 2009, 83: 213-216.

[46] Horisawa H, Kishida Y, Funaki I. High I_{sp} mode of pulsed laser electromagnetic hybrid accelerator for space propulsion applications[J]. American Institute of Physics, 2010: 191-199.

[47] Horisawa H, Mashima Y, Yamada O, et al. High I_{sp} mechanism of rectangular laser-electromagnetic hybrid acceleration thruster[C]//International Electric Propulsion Conference, 2011.

[48] 何敏华, 张端明. 脉冲激光沉积动力学研究进展[J]. 物理评论, 2012, 41(3): 141-150.

[49] 张端明, 李智华, 钟志成, 等. 脉冲激光沉积动力学原理[M]. 北京: 科学出版社, 2011.

[50] 刘高斌, 张端明, 赵汝顺, 等. 纳秒脉冲激光沉积中等离子体膨胀的动力学模型[J]. 沈阳工业大学学报, 2009, 31(4): 401-408.

[51] 谭新玉, 张端明, 李智华, 等. 纳秒脉冲激光沉积薄膜过程中的烧蚀特性研究[J]. 物理学报, 2005, 54(8): 3915-3921.

[52] 陈中军, 张端明, 李智华, 等. 脉冲激光沉积 KTN 薄膜动力学过程模拟[J]. 华中理工大学学报, 2000, 28(5): 92-94.

[53] Ravi-Kumar S, Lies B, Zhang X, et al. Laser ablation of polymers: A review[J]. Procedia Manufacturing, 2019, 34: 316-327.

[54] Bityurin N, Lukyanchuk B S, Hong M H, et al. Models for laser ablation of polymers[J]. Chemical Reviews, 2003, 103: 519-552.

[55] Sinkovics B, Gordon P, Harsányi G. Computer modelling of the laser ablation of polymers[J]. Applied Thermal Engineering, 2010, 30(16): 2492-2498.

[56] Punetha V D, Ha Y M, Kim Y O, et al. Interaction of photothermal graphene networks with polymer chains and laser-driven photo-actuation behavior of shape memory polyurethane/epoxy/epoxy-functionalized graphene oxide nanocomposites[J]. Polymer, 2019, 181: 121791.

[57] 李干, 程谋森, 李小康. 激光烧蚀聚甲醛的热-化学耦合模型及其验证[J]. 物理学报, 2014, 63(10): 107901.

[58] Li G, Cheng M S, Li X K. Slicing-response model for ablation mass removal of polyformaldehyde irradiated by pulsed CO_2 laser in vacuum[J]. Science China Technological Sciences, 2015, 1: 5.

[59] 彭国良, 闫辉, 刘峰, 等. 纤维增强复合材料激光烧蚀效应的数值模拟[J]. 中国光学, 2013, 6(2): 216-222.

[60] Wang B, Wang X, Zheng H, et al. Thermal effect of femtosecond laser polystyrene processing[J]. Optics and Laser Technology, 2019, 117: 244-250.

[61] Lippert T. Laser application of polymers[J]. Advance Polymer Science, 2004, 168: 51-246.

[62] Bounos G, Selimis A, Georgiou S, et al. Dependence of ultraviolet nanosecond laser polymer ablation on polymer molecular weight: Poly(methyl methacrylate) at 248nm[J]. Journal of Applied Physics, 2006, 100: 114323.

[63] 李干. 脉冲激光辐照聚合物工质烧蚀推进机理与性能优化研究[D]. 长沙: 国防科学技术大学, 2014.

[64] Bityurin N M. Laser nanostructuring of polymers[J]. Springer Series in Materials Science, 2014, 195: 293-313.

[65] Bityurin N, Malyshev A. Bulk photothermal model for laser ablation of polymers by nanosecond and subpicosecond pulses[J]. Journal of Applied Physics, 2002, 92: 605.

[66] Bulgakova N M, Zakharov L A, Onischuk A A, et al. Thermal and gas dynamic analysis of ablation of poly(methyl methacrylate) by pulsed IR laser irradiation under conditions of nanoparticle formation[J]. Journal of Physics D: Applied Physics, 2009, 42: 65504.

[67] 杨镇, 刘海, 何远航. 飞秒激光烧蚀含能材料的分子动力学模拟[J]. 物理化学学报, 2016, 32(8): 1977-1982.

[68] Nan P, Shen Z, Ni B H. The influences of laminated structure on the ablation characteristics of carbon fiber composites under CW laser irradiation[J]. Optics and Laser Technology, 2019, 116: 224-231.

[69] Kim B, Iida R, Doan D H, et al. Nanosecond pulse laser scribing using bessel beam for single shot removal of transparent conductive oxide thin film[J]. International Journal of Heat and Mass Transfer, 2017, 107: 829-835.

[70] Li Y, Zhang P, Li C, et al. Fractional order and memory-dependent analysis to the dynamic response of a bi-layered structure due to laser pulse heating[J]. International Journal of Heat and Mass Transfer, 2019, 144: 118664.

[71] Kumar S, Srivastava A. Numerical investigation of thermal response of laser irradiated tissue phantoms embedded with optical inhomogeneities[J]. International Journal of Heat and Mass Transfer, 2014, 77: 262-277.

[72] Huang J, Zhang Y, Chen J K. Ultrafast solid-liquid-vapor phase change in a thin gold film irradiated by multiple femtosecond laser pulses[J]. International Journal of Heat and Mass Transfer, 2009, 52: 3091-3100.

[73] Rahaman A, Kar A, Yu X. Thermal effects of ultrafast laser interaction with polypropylene[J]. Optics Express, 2019, 27(4): 5764-5783.

[74] Marla D, Zhang Y, Hattel J H, et al. Modeling of nanosecond pulsed laser processing of polymers in air and water[J]. Modelling and Simulation in Materials Science and Engineering, 2018, 26: 55005.

[75] Antonov E N, Dunaev A G, Konovalov A N, et al. Temperature field distribution in polymer particles during surface-selective laser sintering[J]. Laser Physics, 2020, 30: 55601.

[76] Palmieri F L, Wohl C J. Topographical Modification of Polymers and Metals by Laser Ablation to Create Superhydrophobic Surfaces[M]. New York: Wiley, 2018.

[77] Marimuthu S, Kamara A M, Rajemi M F, et al. Laser Surface Cleaning: Removal of Hard Thin

Ceramic Coatings[M]. New York: Wiley, 2018.

[78] Loktionov E Y, Ovchinnikov A V, Protasov Y S, et al. Study of opto mechanical characteristics of interaction of ultrashort laser pulses with polymer materials[J]. Lasers and Their Applications, 2012, 112(4): 631-637.

[79] Kruger J, Kautek W. Ultrashort pulse laser interaction with dielectrics and polymers[J]. Advance Polymer Science, 2004, 168: 247-289.

[80] Feng Y, Liu Z Q, Yi X S. Co-occurrence of photochemical and thermal effects during laser polymer ablation via a 248-nm excimer laser[J]. Applied Surface Science, 2000, 156: 177-182.

[81] Brosda M, Nguyen P, Olowinsky A, et al. Analysis of the interaction process during laser transmission welding of multilayer polymer films with adapted laser wavelength by numerical simulation and thermography[J]. Journal of Laser Applications, 2020, 32: 22060.

[82] Wang Y, Shen N, Befekadu G K, et al. Modeling pulsed laser ablation of aluminum with finite element analysis considering material moving front[J]. International Journal of Heat and Mass Transfer, 2017, 113: 1246-1253.

[83] Otto A, Vazquez R G, Hartel U, et al. Numerical analysis of process dynamics in laser welding of Al and Cu[C]//The 10th CIRP Conference on Photonic Technologies, 2018.

[84] Yi J, Feng G, Yang X, et al. Random lasing in a dye-doped polymer thin film waveguide deposited on a Si surface microstructured by femtosecond laser ablation[J]. Journal of Modern Optics, 2014, 61(3): 215-221.

[85] Wang Y, Befekadu G K, Ding H, et al. Uncertainty quantification for modeling pulsed laser ablation of aluminum considering uncertainty in the temperature-dependent absorption coefficient[J]. International Journal of Heat and Mass Transfer, 2018, 120: 515-522.

[86] Taha R M, Jawad H A. Numerical modeling of 193-nm excimer laser ablation on CR-39 polymer[J]. Journal of Electronic Materials, 2018, 3: 6815.

[87] Ho C Y, Chen B C, Tsai Y H, et al. Nanoscale removal of picosecond laser ablation for polymer[J]. Journal of Nanoscience and Nanotechnology, 2018, 18: 7281-7285.

[88] Becerra M, Pettersson J. Optical radiative properties of ablating polymers exposed to high-power arc plasmas[J]. Journal of Physics D: Applied Physics, 2018, 51: 125202.

[89] Tsurutaa H, Dondelewski O, Katagiri Y, et al. Ablation spot area and impulse characteristics of polymers induced by burst irradiation of 1μm laser pulses[J]. Acta Astronautica, 2017, 136: 46-54.

[90] Khalil A a I, Morsy M A. Development of double-pulse lasers ablation system and electron paramagnetic resonance spectroscopy for direct spectral analysis of manganese doped PVA polymer[J]. Optics and Laser Technology, 2017, 96: 227-237.

[91] Zelenska K S, Zelensky S E, Poperenko L V, et al. Thermal mechanisms of laser marking in transparent polymers with light-absorbing microparticles[J]. Optics and Laser Technology, 2016, 76: 96-100.

[92] Marla D, Zhang Y, Jabbari M, et al. A computational model for heterogeneous heating during pulsed laser irradiation of polymers doped with light-absorbing microparticles[J]. Applied Physics A, 2016, 122: 1042.

[93] Long L, Huang Y, Zhang J. Experimental investigation and numerical simulation on continuous wave laser ablation of multilayer carbon fiber composite[J]. Journal of Materials: Design and Application, 2015: 1-15.

[94] Kappes R S, Schönfeld F, Li C, et al. Temperature analysis of laser heated polymers on microsecond time scales[J]. Applied Physics A, 2012, 106(4): 791-801.

[95] Zakharov L A, Bulgakova N, Telminov A E, et al. Laser plasma of poly(methyl methacrylate) in air: Modeling and experiment[C]//International Symposium on Gas Flow, Chemical Lasers, and High-Power Lasers, 2010.

[96] Lazare S, Elaboudi I, Castillejo M, et al. Model properties relevant to laser ablation of moderately absorbing polymers[J]. Applied Physics A, 2010, 101: 215-224.

[97] Sinko J E, Phipps C R. Modeling CO$_2$ laser ablation impulse of polymers in vapor and plasma regimes[J]. Applied Physics Letters, 2009, 95: 131105.

[98] Prasad M, Conforti P F, Garrison B J. Interplay between chemical, thermal, and mechanical processes occurring upon laser excitation of poly(methyl methacrylate) and its role in ablation[J]. Journal of Physics Chemical C, 2009, 113: 11491-11506.

[99] Ou Y, Wu J J, Zhang Y, et al. Modelling the laser-polymer interaction of laser propulsion systems considering progressive surface removal, thermal decomposition and non-fourier effect[J]. Acta Astronautica, 2021, 186: 319-328.

[100] Zhang Y, Zhang D X, Wu J J, et al. Non-Fourier heat conduction and phase transition in laser ablation of polytetrafluoroethylene (PTFE)[J]. Acta Astronautica, 2017, 140: 338-350.

[101] Zhang Y, Wu J J, Zhang D X, et al. Investigation on plume expansion and ionization in a laser ablation plasma thruster[J]. Acta Astronautica, 2018, 151: 432-444.

[102] Tan S, Wu J J, Zhang Y, et al. A Model of ultra-short pulsed laser ablation of metal with considering plasma shielding and non-fourier effect[J]. Energies, 2018, 11(11): 3163.

[103] 谭胜, 吴建军, 黄强, 等. 基于双相延迟模型的飞秒激光烧蚀金属模型[J]. 物理学报, 2019, 68: 57901.

[104] Cha D, Axinte D. Transient thermal model of nanosecond pulsed laser ablation: Effect of heat accumulation during processing of semi-transparent ceramics[J]. International Journal of Heat and Mass Transfer, 2021, 173: 121227.

[105] 李健. 基于粒子模拟方法的磁等离子体推力器工作机理研究[D]. 长沙: 国防科技大学, 2020.

[106] 王司宇. 脉冲等离子体推力器实验及仿真研究[D]. 北京: 北京理工大学, 2016.

[107] 张郁. 电推进技术的研究应用现状及其发展趋势[J]. 火箭推进, 2005, 31(2): 27-36.

[108] 张锐. 脉冲等离子体推力器工作过程及羽流特性的理论与实验研究[D]. 长沙: 国防科学技术大学, 2013.

[109] 张华, 吴建军, 张代贤, 等. 用于脉冲等离子体推力器烧蚀过程仿真的新型机电模型[J]. 物理学报, 2013, 62(21): 210202.

[110] 武志文, 刘向阳, Ling W Y L. 脉冲等离子体推进理论和关键技术[M]. 北京: 科学出版社, 2020.

[111] 黄天坤. 脉冲等离子体推力器能量分配机理的理论分析与实验研究[D]. 北京: 北京理工

大学, 2017.

[112] 袁世越. 脉冲等离子体推力器点火过程实验与理论研究[D]. 北京: 北京理工大学, 2016.

[113] Ou Y, Wu J, Zhang Y, et al. Theoretical modeling and parameter analysis of micro-pulsed plasma thruster[J]. Energies, 2018, 11(5): 1146.

[114] Li H, Wu Z, Sun G, et al. A model for macro-performances applied to low power coaxial pulsed plasma thrusters[J]. Acta Astronautica, 2020, 170: 154-162.

[115] Huang T, Wu Z, Sun G, et al. Study and modeling of propellant ablation in coaxial ablative pulsed plasma thrusters[J]. Acta Astronautica, 2020, 173: 69-75.

[116] Zhang Z, Ling W Y L, Tang H, et al. A review of the characterization and optimization of ablative pulsed plasma thrusters[J]. Reviews of Modern Plasma Physics, 2019, 3: 5.

[117] Hart P J. Modified snowplow model for coaxial plasma accelerators[J]. Journal of Applied Physics, 1964, 35(12): 3425-3431.

[118] Vondra R, Thomassen K, Solbes A. Analysis of solid teflon pulsed plasma thruster[R]. New York: American Institute of Aeronautics and Astronautics, 1970.

[119] 魏荣华. 用于 PPT 的扩散模型及其简化 MHD 方程组的解[J]. 空间科学学报, 1982, 2(4): 319-326.

[120] Laperriere D D, Gatsonis N A, Demetriou M A. Electromechanical modeling of applied field micro pulsed plasma thrusters[C]//The 41st AIAA/ASME/SAE/ASEE Joint Propulsion Conference & Exhibit, 2005.

[121] 欧阳. 基于应力检测技术的等离子体推力器推力测量方法探究[D]. 长沙: 国防科技大学, 2018.

[122] 赵博强, 李永, 周成, 等. 磁等离子体动力推力器加速机理研究与仿真[J]. 固体火箭技术, 2021, 44(2): 233-240.

[123] 李益文, 张百灵, 李应红, 等. 磁流体动力学在航空工程中的应用与展望[J]. 力学进展, 2017, 47: 452-502.

[124] Li J, Zhang Y, Wu J J, et al. Particle simulation model for self-field magnetoplasmadynamic thruster[J]. Energies, 2019, 12(8): 1579.

[125] 张宇. 激光烧蚀磁等离子体推力器工质烧蚀特性及推进性能理论与实验研究[D]. 长沙: 国防科技大学, 2018.

[126] Kuzenov V V, Ryzhkov S V, Frolko P A. Numerical simulation of the coaxial magneto-plasma accelerator and non-axisymmetric radio frequency discharge[J]. Journal of Physics Conference, 2017, 830(1): 12049.

[127] Ahangar M, Ebrahimi R, Shams M. Numerical investigation of plasma behavior and anode sheath in a magnetoplasmadynamic thruster[J]. Journal of Propulsion and Power, 2016, 32(2): 420-430.

[128] Xisto C M, Páscoa J C, Oliveira P J. Numerical analysis of real gas MHD flow on two-dimensional self-field MPD thrusters[J]. Acta Astronautica, 2015, 112: 89-101.

[129] Quraishi A, Kumar A M. Numerical study on diffusion effects in magnetoplasmadynamic arcjet thrusters[C]//Joint Conference of the 30th International Symposium on Space Technology and Science, the 34th International Electric Propulsion Conference and the 6th Nano-satellite

Symposium, 2015.

[130] Li M, Tang H B, Ren J X, et al. Modeling of plasma processes in the slowly diverging magnetic fields at the exit of an applied-field magnetoplasmadynamic thruster[J]. Physics of Plasmas, 2013, 20: 1-13.

[131] Xisto C, Páscoa J, Oliveira P. A pressure-based high resolution numerical method for resistive MHD[J]. Journal of Computational Physics, 2014, 275: 323-345.

[132] Keidar M, Boyd I D. Ablation study in the capillary discharge of an electrothermal gun[J]. Journal of Applied Physics, 2006, 99: 53301.

[133] Keidar M, Boyd D, Antonsen E L, et al. Optimization issues for a micropulsed plasma thruster[J]. Journal of Propulsion and Power, 2004, 22(1): 48-55.

[134] Keidar M, Boyd I D, Beilis I I. Ionization and ablation phenomena in an ablative plasma accelerator[J]. Journal of Applied Physics, 2004, 96(10): 5420-5428.

[135] Keidar M, Boyd I D, Antonsen E, et al. Electromagnetic effects in the near-field plume exhaust of a micro-pulsed-plasma thruster[J]. Journal of Propulsion and Power, 2004, 20(6): 961-969.

[136] Peterkin R E. MHD modeling of plasma compression to high pressure with capacitive-driven solid shell implosions[J]. IEEE Transactions on Plasma Science, 2002, 30(2): 468-475.

[137] Liron C. Derivation of anumerical method for computing 3D magnetoplasmadynamic flows in thermodynamic non-equilibrium[D]. Daytona Beach: Embry-Riddle Aeronautical University, 2005.

[138] 尹乐. 脉冲等离子体推力器工作过程及羽流的数值仿真研究[D]. 长沙: 国防科技大学, 2009.

[139] Parma B. Three-dimensional modeling and analysis of magnetoplasmadynamic acceleration[D]. Arizona: Arizona State University, 2011.

[140] Mayigue C C. Numerical investigation of MPD thrusters using a density-based method with semi-discrete central-upwind schemes for MHD equations[D]. Bremen: University of Bremen, 2018.

[141] 夏旭, 杨涓, 付瑜亮, 等. 2cm 电子回旋共振离子推力器离子源中磁场对等离子体特性与壁面电流影响的数值模[J]. 物理学报, 2021, 70(7): 75204.

[142] 孙安邦, 闫涵, 李昊霖. 电子轰击式离子推力器放电腔结构对等离子体特性影响的全粒子仿真研究[J]. 西安交通大学学报, 2021, 55(7): 12-20.

[143] 罗杨, 陈茂林, 苏冬冬, 等. 外磁场作用下的磁等离子体动力学过程仿真[J]. 推进技术, 2022, 71(5): 251-259.

[144] 冷爽. 基于 PIC-MCC 模型的真空电弧零区等离子体仿真[D]. 大连: 大连理工大学, 2021.

[145] Kempf A, Kilian P, Ganse U, et al. Picpanther: A simple, concise implementation of the relativistic moment implicit particle-in-cell method[J]. Computer Physics Communications, 2015, 188: 198-207.

[146] Genco F, Hassanein A. Numerical simulations of laser ablated plumes using particle-in-cell (PIC) methods[J]. Laser and Particle Beams, 2014, 32: 305-310.

[147] 胡生屹. 非正交结构化网格下的霍尔推力器 Particle-in-Cell 粒子模拟[D]. 哈尔滨: 哈尔滨

工业大学, 2020.

[148] 鹿畅. Kaufman 型离子推力器中等离子体的数值模拟研究[D]. 长沙: 国防科技大学, 2019.

[149] Itina T E, Zhigilei L V. Generation of nanoparticles by laser ablation: Combined MD-DSMC computational study[J]. Journal of Physics Conference Series, 2007, 59: 44-49.

[150] Oh D Y. Computational modeling of expanding plasma plumes in space using a PIC-DSMC algorithm[D]. Massachusetts: Massachusetts Institute of Technology, 1997.

[151] Li J, Wu J, Zhang Y, et al. Study of scaling law for particle-in-cell/Monte Carlo simulation of low temperature magnetized plasma for electric propulsion[J]. Journal of Physics D: Applied Physics, 2019, 52: 455203.

[152] Surmin I A, Bastrakov S I, Efimenko E S, et al. Particle-in-cell laser-plasma simulation on Xeon Phi coprocessors[J]. Computer Physics Communications, 2016, 202: 204-210.

[153] Garrigues L, Fubiani G, Boeuf J P. Appropriate use of the particle-in-cell method in low temperature plasmas: Application to the simulation of negative ion extraction[J]. Journal of Applied Physics, 2016, 120: 213303.

[154] Tang H, Cheng J, Liu C, et al. Study of applied magnetic field magnetoplasmadynamic thrusters with particle-in-cell and Monte Carlo collision. II. Investigation of acceleration mechanisms[J]. Physics of Plasmas, 2012, 7: 73108-73118.

[155] Tang H, Cheng J, Liu C, et al. Study of applied magnetic field magnetoplasmadynamic thrusters with particle-in-cell code with Monte Carlo collision. I. Computation methods and physical processes[J]. Physics of Plasmas, 2012, 7: 73107-73117.

[156] Neudorfer J, Stindl T, Stock A, et al. Three-dimensional simulation of rarefied plasma flows using a high order particle in cell method[J]. High Performance Computing in Science & Engineering, 2011, 7984(1): 593-604.

[157] Poulain G, Blanc D, Kaminski A, et al. Modeling of laser processing for advanced silicon solar cells[C]//COMSOL Conference, 2010.

[158] Taccogna F, Longo S, Capitelli M, et al. Particle-in-cell simulation of stationary plasma thruster[J]. Contributions to Plasma Physics, 2010, 47(8-9): 635-656.

[159] Li M, Liu H, Ning Z, et al. 2-D extended fluid model of applied-field magnetoplasmadynamic thruster with solid and hollow cathodes[J]. IEEE Transactions on Plasma Science, 2015, 43(12): 4034-4042.

[160] 程蛟, 汤海滨, 刘兵. 磁等离子体推力器工作机理与应用前景研究[J]. 空间控制技术与应用, 2013, 39(5): 34-38.

[161] Cheng J, Tang H B, et al. Energy conversion and transfer for plasmas in a magnetic expansion configuration [J]. Physics of Plasmas, 2014, 21(6): 63501.

[162] Sun A, Becker M M, Loffhagen D. PIC/MCC simulation of capacitively coupled discharges: Effect of particle management and integration[J]. Computer Physics Communications, 2016, 206: 35-44.

[163] 杨乐, 贾连军, 张天平, 等. 千瓦霍尔推力器磁场优化及 Particle-in-CeU 性能仿真[J]. 科学技术与工程, 2018, 18(27): 85-90.

[164] 周明鉴. 离子推进器空心阴极 PIC/MCC 模拟研究[D]. 成都: 电子科技大学, 2020.

[165] 刘祺. 脉冲等离子体推力器工作过程等离子体机理研究[D]. 北京: 中国运载火箭技术研究院, 2021.

第2章 铜工质飞秒激光烧蚀过程建模与仿真

2.1 引 言

飞秒激光烧蚀具有效率高、功率密度高、材料损伤范围小、烧蚀阈值低、加工精度高、加热时间短和位置可控性好等优点[1,2]，因此广泛应用于纳米粒子加工[3,4]、微机械制造[5,6]、表面改性[7]、激光烧蚀推进[8,9]、激光打孔[10]、激光焊接[11]等领域。飞秒激光用于激光烧蚀推进具有如下优势[8,9,12]。首先，飞秒激光与工质的作用时间短，可以降低热传导所耗散的热量(特别是针对高热导率的工质)，使激光能量的利用效率得到提高。其次，飞秒激光烧蚀工质的烧蚀阈值能量密度较低，可以利用较低的激光能量密度来提供极小的元冲量(约 10^{-11}N·s)[9]。再次，飞秒激光与工质的相互作用时间极短，其热影响区很小，因此飞秒激光可以获得比皮秒和纳秒激光更加均匀的烧蚀面[13]，这既有利于同一烧蚀面的多次利用，从而降低系统的复杂度，也有利于提高元冲量的精度(因为一次烧蚀和多次烧蚀的烧蚀效果相同)。

当飞秒激光应用于 LAPPT 时，上述优势同样存在。此外，纳秒激光烧蚀存在羽流分裂现象，这对 LAPPT 有不利的影响。由于飞秒激光与工质相互作用的时间极短，飞秒激光烧蚀造成的羽流分裂现象可以得到较大限度的抑制，从而有效抑制由羽流分裂导致的"滞后烧蚀"现象。同时，这可以缩短工质供给的时间。因此，利用飞秒激光代替纳秒激光，对 LAPPT 进行点火和工质供给，有望进一步提高推力器的性能。

飞秒激光与材料相互作用的时间极短，并且热影响范围较小[14]，通过实验研究飞秒激光烧蚀的相关物理机制存在较大的困难。因此，数学模型在飞秒激光烧蚀研究中发挥着至关重要的作用[14]。目前，用于飞秒激光烧蚀的模型主要有流体动力学模型、分子动力学模型和双温度模型(two-temperature model，TTM)[15]。流体动力学模型和分子动力学模型存在建模困难和计算耗时长的问题[16,17]，因此较为常用的是 TTM，对于 TTM 的详细描述请见文献[14,18-20]。尽管 TTM、TTM 的改进模型[21-28]，以及 TTM 与其他方法耦合建立的模型[29-33]在飞秒激光烧蚀中得到了成功应用，但是 TTM 的有限性验证问题依然存在[34-37]，例如在较高激光能量密度下的有限性验证仍然存在问题[37]。此外，大部分 TTM 中都没有考虑等离子体屏蔽的影响，这会导致在激光能量密度较高时高估烧蚀深度[38,39]。

尽管傅里叶热传导模型已经广泛应用于工程领域[40]，但是该模型无法准确预测一些特殊情况下的温度分布，如瞬态、低温、微尺度的温度分布[41]。为了克服傅里叶定律的限制，Catteneo[42]和 Vernotte[43]通过将双曲型热传导方程与局部热平衡耦合，首次提出非傅里叶热传导模型。该模型称为 CV(Cattaneo-Vernotte)模型。尽管很多实验证明 CV 模型的预测结果比傅里叶定律热传导模型的预测结果更准确[44-47]，但是 CV 模型仍然存在一些不足[48,49]。例如，该模型假设温度梯度和能量传输同时发生，从而导致该模型无法描述传热过程中的微结构效应[49]。为了考虑传热过程中的微结构效应，Tzou[50]将微结构效应用宏观方程中的温度梯度延迟时间来描述，进而提出双相延迟(dual-phase-lag，DPL)模型。该模型覆盖从微观到宏观的物理响应[51]，可以通过改变延迟时间的取值转变成傅里叶热传导模型和 CV 模型，而且该模型满足热力学第二定律[52]和玻尔兹曼传输方程[53]。目前，DPL 模型的有效性已经在很多特殊热传导问题上得到了验证，如微纳尺度[54,55]、生物组织[56,57]、多孔材料[58,59]、超流体液氦[52]、超短脉冲激光加热[2, 52,60-63]中的热传导。此外，DPL 模型有向分数阶 DPL 模型[64,65]发展的趋势，并拓展应用于其他领域[59]。

本章针对飞秒激光烧蚀不同阶段的物理过程，将 DPL 模型分别与不同阶段的能量守恒方程相结合，建立相应的双曲型热传导方程，然后在双曲型热传导方程中耦合等离子体膨胀和屏蔽模型，由此建立一种飞秒激光烧蚀金属模型。此外，该模型中考虑蒸发和相爆炸两种烧蚀机制，同时还在室温至接近临界温度(T_{cr})范围内考虑了蒸发和相爆炸两种烧蚀机制。该模型的建立不仅可以扩展 DPL 模型的应用范围，而且可以为飞秒激光烧蚀特性的仿真研究提供一种易于实施的新方法。本章以金属铜(Cu)为例，利用建立的模型，分析等离子体屏蔽、延迟时间比值、激光能量密度和靶材初始温度对飞秒激光烧蚀特性的影响，并通过与文献中的实验结果对比验证模型的有效性。

2.2　理 论 模 型

2.2.1　两个不同阶段的热传导方程

当飞秒激光辐照金属靶材时，部分激光能量被反射，另一部分激光能量被靶材吸收；靶材吸收激光能量后被加热，导致靶材的蒸发和相爆炸。该过程称为飞秒激光烧蚀。飞秒激光烧蚀过程可分为两个阶段。第一阶段，靶材被激光加热并且靶材表面温度低于沸点，此时不用考虑靶材蒸发和等离子体屏蔽的影响，如图 2-1(a) 所示。第二阶段，靶材表面被激光加热至高于沸点，靶材开始被烧蚀并且在靶材表面形成等离子体羽流，然后等离子体羽流会膨胀并吸收部分激光能量，如图 2-1(b) 所示。下面首先针对以上两个不同阶段的物理过程，将 DPL 模型分别与不同阶段的能量守恒方程相结合，建立相应的双曲型热传导方程。在双曲型热传导方程中，耦合等离子体膨胀和屏蔽模型，由此建立一种飞秒激光烧蚀金属模型。此外，由于飞秒激光烧蚀金属靶材时，靶材的吸收深度远远小于激光束的直径，因此三维热传导问题可以简化为激光辐照方向的一维热传导问题。

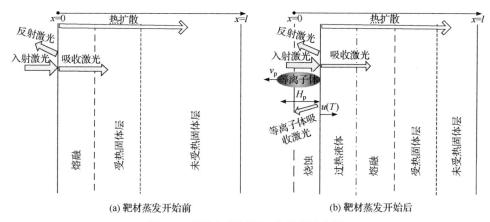

图 2-1　激光与靶材相互作用的示意图

1. 靶材蒸发前的热传导方程

当靶材的表面温度低于靶材的沸点时，不用考虑靶材蒸发带走的热量和等离子体屏蔽，因此能量守恒定律[66]可表示为

$$\rho(T)C_{\mathrm{p}}(T)\frac{\partial T}{\partial t} = -\frac{\partial q}{\partial x} + \dot{S} \tag{2-1}$$

其中，$\rho(T)$ 和 $C_{\mathrm{p}}(T)$ 为随温度变化的密度和比热容；q 为沿 x 方向的热流密度；$\dot{S}$ 为热源项，即

$$\dot{S} = \alpha(T)\beta(T)I_{\mathrm{L}}(t)\exp(-\alpha(T)x) \tag{2-2}$$

其中，$\alpha(T)$ 和 $\beta(T)$ 为随温度变化的吸收系数和吸收率；$I_{\mathrm{L}}(t)$ 为入射激光到达靶材表面的激光强度。

将式(2-1)与 DPL 模型[14]相结合，可得

$$q + \tau_q \frac{\partial q}{\partial t} = -k(T)\frac{\partial T}{\partial x} - k(T)\tau_T \frac{\partial}{\partial t}\left(\frac{\partial T}{\partial x}\right) \tag{2-3}$$

由此，可获得双曲型热传导方程，即

$$\rho(T)C_p(T)\frac{\partial T}{\partial t} + \tau_q \rho(T)C_p(T)\frac{\partial^2 T}{\partial t^2}$$
$$= \frac{\partial}{\partial x}\left(k(T)\frac{\partial T}{\partial x}\right) + \tau_T \frac{\partial}{\partial x}\left[k(T)\frac{\partial}{\partial t}\left(\frac{\partial T}{\partial x}\right)\right] + \dot{S} + \tau_q \frac{\partial \dot{S}}{\partial t} \tag{2-4}$$

其中，$k(T)$ 为随温度变化的热导率；τ_q 为热流矢量延迟时间；τ_T 为温度梯度延迟时间。

这里，定义 τ_T 与 τ_q 的比值为 B。

热传导方程还包含如下一个初始条件和两个边界条件，即

$$\begin{cases} T(x,t)\big|_{t=0} = T_0 \\ k(T)\frac{\partial T(x,t)}{\partial x}\big|_{x=0} = 0 \\ -k(T)\frac{\partial T(x,t)}{\partial x}\big|_{x=l} = -\beta(T)I_L(t) + \varepsilon\sigma\left(T^4 - T_0^4\right) \end{cases} \tag{2-5}$$

其中，T_0 为室温并假设为 300K；σ 为斯特藩-玻尔兹曼常数；ε 为靶材的表面发射率。

2. 靶材蒸发后的热传导方程

当靶材温度高于靶材的沸点时，靶材的蒸发效应变得明显[67]，同时蒸发和等离子体屏蔽的影响变得重要。此时，能量守恒定律[66]可以表示为

$$\rho(T)C_p(T)\frac{\partial T}{\partial t} = -\frac{\partial q}{\partial x} + \dot{S} + \rho(T)C_p(T)u(T)\frac{\partial T}{\partial x} \tag{2-6}$$

式(2-6)与式(2-3)结合，可得双曲型热传导方程，即

$$\rho(T)C_p(T)\frac{\partial T}{\partial t} + \tau_q \rho(T)C_p(T)\frac{\partial^2 T}{\partial t^2}$$
$$= \frac{\partial}{\partial x}\left(k(T)\frac{\partial T}{\partial x}\right) + \tau_T \frac{\partial}{\partial x}\left[k(T)\frac{\partial}{\partial t}\left(\frac{\partial T}{\partial x}\right)\right] + \dot{S} + \tau_q \frac{\partial \dot{S}}{\partial t}$$
$$+ \rho(T)C_p(T)u(T)\frac{\partial T}{\partial x} + \tau_q \frac{\partial}{\partial t}\left(\rho(T)C_p(T)u(T)\frac{\partial T}{\partial x}\right) \tag{2-7}$$

其中，蒸发速度 $u(T)$ [68,69]可表示为

$$u(T) = C_s P_b (2\pi m_a k_B T_s)^{-1/2} \frac{m_a}{\rho(T_s)} \exp\left(\frac{L_{hv} m_a}{k_B} \left(\frac{1}{T_b} - \frac{1}{T_s} \right) \right) \tag{2-8}$$

其中，C_s 为蒸发系数；P_b 为沸腾压力(一般取值 0.1MPa)；k_B 为玻尔兹曼常数；m_a 为靶材的原子质量；T_s 和 T_b 为表面温度和沸点；$\rho(T_s)$ 表示在温度为表面温度时的密度；L_{hv} 为蒸发时的气化潜热。

基于连续温度条件，此时的初始条件可表示为

$$\begin{cases} T\left(0 \leqslant x \leqslant l, t = t_b^+ \right) = T\left(0 \leqslant x \leqslant l, t = t_b^- \right) \\ \left. \dfrac{\partial T}{\partial t} \right|_{t=t_b^+} = \left. \dfrac{\partial T}{\partial t} \right|_{t=t_b^-} \end{cases} \tag{2-9}$$

其中，t_b 为靶材表面温度达到沸点的时间。

基于能量守恒定律，边界条件可表示为

$$\begin{cases} \left. k(T) \dfrac{\partial T(x,t)}{\partial x} \right|_{x=l} = 0 \\ \left. -k(T) \dfrac{\partial T(x,t)}{\partial x} \right|_{x=0} = -\beta(T) I_L(t) + L_{hv} \rho(T) u(T) + \varepsilon\sigma\left(T^4 - T_0^4\right) \end{cases} \tag{2-10}$$

2.2.2　等离子体膨胀和屏蔽

蒸发和相爆炸会在靶材表面形成等离子体羽流，然后等离子体膨胀并吸收部分激光能量，因此靶材表面温度达到沸点后就开始考虑等离子体屏蔽的影响。在等离子体屏蔽模型中，假设等离子体对激光能量的吸收只考虑逆韧致辐射(inverse bremsstrahlung，IB)吸收机制的影响，因为在激光波长较长时，其他吸收机制的影响较小[70]。IB 的等离子体吸收系数 α_{IB} [71]为

$$\alpha_{IB} = \frac{3.69 \times 10^8 Z^3 n_i^2}{T_p^{0.5} \omega^3} \left(1 - \exp\left(-\frac{h\omega}{k_B T_p} \right) \right) \tag{2-11}$$

其中，Z 为平均电荷；n_i 为等离子体中的离子密度；T_p 为等离子体温度；ω 为激光频率；h 为普朗克常数。

等离子体中离子密度随着温度的变化关系可由 Saha 方程[72]得到，即

$$\frac{n_i^2}{n_0} \approx 2.4 \times 10^{21} T_p^{1.5} \exp\left(-\frac{IP_1}{k_B T_p} \right) \tag{2-12}$$

其中，IP_1 为第一电离能；n_0 为中性粒子数密度。

假设中性粒子数密度在等离子体屏蔽长度内均匀分布，即

$$n_0 = \frac{\rho}{m_a} \frac{S_{ab}}{H_p} \tag{2-13}$$

其中，S_{ab} 为烧蚀深度；H_p 为等离子体屏蔽长度，即

$$H_p = S_{ab} + \int_0^t v_p \mathrm{d}t \tag{2-14}$$

其中，v_p 为等离子体膨胀速度。

等离子体屏蔽长度随着等离子体向外膨胀而改变，等离子体的膨胀动力学方程[71]可表示为

$$x_p(t) \left(\frac{1}{t} \frac{\mathrm{d}x_p(t)}{\mathrm{d}t} + \frac{\mathrm{d}^2 x_p(t)}{\mathrm{d}t^2} \right) = \frac{k_B T_p}{m_a} \tag{2-15}$$

其中，$x_p(t)$ 为等离子体膨胀距离。

等离子体的膨胀速度可表示为

$$v_p = \frac{\mathrm{d}x_p(t)}{\mathrm{d}t} \tag{2-16}$$

在计算中，等离子体的初始速度[73]定义为

$$v_0 = \sqrt{8k_B T_b / \pi m_a} \tag{2-17}$$

因此，激光在穿过等离子体羽流后到达靶材表面的激光强度可表示为

$$I_L(t) = \begin{cases} I_0(t), & t < t_b \\ I_0(t) \exp\left(-\int_0^{H_p} \alpha_{IB} \mathrm{d}x \right), & t \geq t_b \end{cases} \tag{2-18}$$

其中，$I_0(t)$ 为入射激光强度，假设其表示为[69]

$$I_0(t) = I_{max} \left(\frac{t}{t_{max}} \right)^7 \exp\left(7\left(1 - \frac{t}{t_{max}} \right) \right) \tag{2-19}$$

其中，I_{max} 为峰值激光强度；t_{max} 为激光强度达到峰值的时间。

由式(2-19)和激光强度与激光能量密度 $F_{fluence}$ 的关系可得峰值激光强度的表达式为

$$I_{max} = F_{fluence} / \int_0^\infty \left(\frac{t}{t_{max}} \right)^7 \exp\left(7\left(1 - \frac{t}{t_{max}} \right) \right) \mathrm{d}t \tag{2-20}$$

　　由式(2-19)可得到激光强度与最大激光强度的比值随时间的变化关系，如图 2-2 所示。由于激光脉宽设定为半峰全宽(full width at half maximum，FWHM)，所以激光在 FWHM 时间前后都可能对靶材进行烧蚀。除了 2.3.5 节的模型验证，本章其他部分的计算结果所用的激光脉宽均为 170fs。

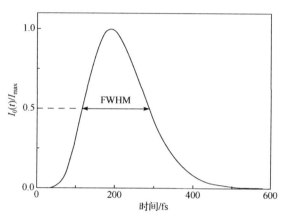

图 2-2　激光强度与最大激光强度的比值随时间的变化关系(t_p=170fs)

2.2.3　Cu 的材料特性

　　在建立的模型中，导热系数、密度、比热容、吸收系数和吸收率这五个参数都会随温度而变化，并影响热传导过程。对于纯金属而言，电导率和导热系数在高低温条件下均满足维德曼-弗兰兹(Wiedemann-Franz)定律[74]。因此，电导率可表示为

$$\sigma(T) = \frac{k(T)}{T} \frac{1}{2.44 \times 10^{-8}} \tag{2-21}$$

　　通过分段拟合文献[75]中的数据，可以得到 Cu 的导热系数随温度变化的表达式，即

$$k(T) = \begin{cases} 16021.633 - 694.18333T + 11.90437T^2 - 0.09204T^3 + 2.6875 \times 10^{-4}T^4, \\ \qquad\qquad\qquad\qquad\qquad\qquad\qquad 50\text{K} \leqslant T < 100\text{K} \\ 975.73196 - 9.45118T + 0.06076T^2 - 1.7581 \times 10^{-4}T^3 + 1.90019 \times 10^{-7}T^4, \\ \qquad\qquad\qquad\qquad\qquad\qquad\qquad 100\text{K} \leqslant T < 300\text{K} \\ 420.457 - 0.0681T, \quad 300\text{K} \leqslant T < T_m \\ 111.996 + 0.06152T - 1.5255 \times 10^{-5}T^2 + 7.69366 \times 10^{-10}T^3, \quad T_m \leqslant T \leqslant 0.9T_{cr} \end{cases}$$

$$\tag{2-22}$$

其中，T_m 为熔点。

Cu 的密度随温度变化的表达式可从文献[76]中得到，即

$$\rho(T) = \begin{cases} 8960, & 50\text{K} \leqslant T < 300\text{K} \\ 9224.492 - 0.88711T, & 300\text{K} \leqslant T < T_{\text{m}} \\ 8846.882 - 0.609T, & T_{\text{m}} \leqslant T \leqslant 0.9T_{\text{cr}} \end{cases} \tag{2-23}$$

Cu 的比热容[76,77]随温度变化的表达式可用式(2.24)计算得到，即

$$C_p(T) = \begin{cases} 384, & 50\text{K} \leqslant T < 300\text{K} \\ 356.176 + 0.10228T, & 300\text{K} \leqslant T < T_{\text{m}} \\ 494, & T_{\text{m}} \leqslant T \leqslant 0.9T_{\text{cr}} \end{cases} \tag{2-24}$$

Cu 的吸收系数 $\alpha(T)$ 和吸收率 $\beta(T)$ 的关系式[69]为

$$\alpha(T) = \frac{4\pi n_{\text{I}}(T)}{\lambda} \tag{2-25}$$

$$\beta(T) = \frac{4n_{\text{R}}(T)}{(n_{\text{R}}(T)+1)^2 + n_{\text{I}}^2(T)} \tag{2-26}$$

其中，$n_{\text{I}}(T)$ 和 $n_{\text{R}}(T)$ 为消光系数和折射率[69]。

模型中用到的 Cu 的参数如表 2-1 所示。

表 2-1　模型中用到的 Cu 的参数

参数	符号	取值	文献
熔点/K	T_{m}	1357.77	[76]
沸点/K	T_{b}	2835.15	[76]
蒸发潜热/(J/kg)	L_{hv}	4.79937×10^6	[76]
第一电离能/eV	IP_{l}	7.72638	[76]
临界温度/K	T_{cr}	8500.00	[75]
蒸发系数	C_{s}	0.82	[78]
热流矢量延迟时间/ps	τ_{q}	0.56~5.4	[59]
温度梯度延迟时间/ps	τ_{T}	6.0~63.0	[59]

2.2.4　数值方法

采用有限体积法，对导热方程和边界条件进行离散化，计算网格示意图如图 2-3 所示。采用全隐式格式，式(2-4)和式(2-7)对应的离散方程可表示为

$$a_{\text{P}}T_{\text{P}}^{n+1} = a_{\text{E}}T_{\text{E}}^{n+1} + a_{\text{W}}T_{\text{W}}^{n+1} + b \tag{2-27}$$

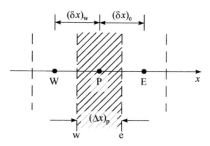

图 2-3　计算网格示意图

以式(2-7)为例，对应离散方程中的各个系数分别为

$$
\begin{cases}
a_{\mathrm{E}} = \dfrac{k_{\mathrm{e}}}{(\delta x)_{\mathrm{e}}}\left(1+\dfrac{\tau_{\mathrm{T}}}{\Delta t}\right) + (1-\omega)C_{\mathrm{p}}\rho u\left(1+\dfrac{\tau_{\mathrm{q}}}{\Delta t}\right) \\[3mm]
a_{\mathrm{W}} = \dfrac{k_{\mathrm{w}}}{(\delta x)_{\mathrm{w}}}\left(1+\dfrac{\tau_{\mathrm{T}}}{\Delta t}\right) - \omega C_{\mathrm{p}}\rho u\left(1+\dfrac{\tau_{\mathrm{q}}}{\Delta t}\right) \\[3mm]
a_{\mathrm{P}}^{0} = \dfrac{\rho C_{\mathrm{p}}(\Delta x)_{\mathrm{p}}}{\Delta t}\left(1+\dfrac{\tau_{\mathrm{q}}}{\Delta t}\right) \\[3mm]
a_{\mathrm{P}} = a_{\mathrm{E}} + a_{\mathrm{W}} + a_{\mathrm{P}}^{0} \\[3mm]
b = \dot{S}_{\mathrm{P}}^{n+1}(\Delta x)_{\mathrm{p}}\left(1+\dfrac{\tau_{\mathrm{q}}}{\Delta t}\right) - \dot{S}_{\mathrm{P}}^{n}(\Delta x)_{\mathrm{p}}\dfrac{\tau_{\mathrm{q}}}{\Delta t} \\[3mm]
\quad + \rho C_{\mathrm{p}}u\dfrac{\tau_{\mathrm{q}}}{\Delta t}\left[(1-2\omega)T_{\mathrm{P}}^{n} + (\omega-1)T_{\mathrm{E}}^{n} + \omega T_{\mathrm{W}}^{n}\right] \\[3mm]
\quad + \dfrac{\tau_{\mathrm{T}}}{\Delta t}\left[\left(\dfrac{k_{\mathrm{e}}}{(\delta x)_{\mathrm{e}}} + \dfrac{k_{\mathrm{w}}}{(\delta x)_{\mathrm{w}}}\right)T_{\mathrm{P}}^{n} - \dfrac{k_{\mathrm{e}}}{(\delta x)_{\mathrm{e}}}T_{\mathrm{E}}^{n} - \dfrac{k_{\mathrm{w}}}{(\delta x)_{\mathrm{w}}}T_{\mathrm{W}}^{n}\right] \\[3mm]
\quad + \rho C_{\mathrm{p}}(\Delta x)_{\mathrm{p}}\dfrac{\tau_{\mathrm{q}}}{\Delta t}\left(\dfrac{\partial T}{\partial t}\right)^{n} + a_{\mathrm{P}}^{0}T_{\mathrm{P}}^{n}
\end{cases}
\tag{2-28}
$$

其中，Δt 为时间步长(激光脉宽为 170fs 和 70fs 时分别设置为 $\Delta t = 0.0005\mathrm{fs}$ 和 $\Delta t = 0.00015\mathrm{fs}$)；$k_{\mathrm{e}}$、$k_{\mathrm{w}}$ 为边界 e、w 上的导热系数；$\omega = 1/(1+(\delta x)_{\mathrm{w}}/(\delta x)_{\mathrm{e}})$ 表示几何参数。

式(2-4)的全隐式离散方程为无条件稳定。为了保证式(2-7)的全隐式离散方程的稳定性，a_{E} 和 a_{W} 应满足以下条件[79, 80]，即

$$
a_{\mathrm{E}} > 0, \quad a_{\mathrm{W}} > 0
\tag{2-29}
$$

由此推导出应该满足的条件为

$$
\dfrac{k_{\mathrm{w}}}{(\delta x)_{\mathrm{w}}}\left(1+\dfrac{\tau_{\mathrm{T}}}{\Delta t}\right) > C_{\mathrm{p}}\rho u\omega\left(1+\dfrac{\tau_{\mathrm{q}}}{\Delta t}\right)
\tag{2-30}
$$

结合两个阶段的初始条件和边界条件, 用三对角追赶法(tridiagonal matrix method, TDMA)求解式(2-27)。在计算中, 每一靶材层的五个参数在每一步计算中都进行更新。在第二阶段的计算中, 需要同时计算等离子体羽流的膨胀和穿过等离子体后的激光强度, 并在每一时间步进行耦合计算。

靶材蒸发导致的烧蚀深度利用每一时间步长的蒸发速度进行计算。在本章的计算中, 对于相爆炸导致的烧蚀深度, 假设只要温度高于 $0.9T_{cr}$ 就立刻发生[69, 70]。相爆炸是一个体积移除过程, 因此相爆炸导致的深度就是通过移除温度高于 $0.9T_{cr}$ 的靶材层计算得到的, 而这些层将在后续的计算中被忽略。靶材的烧蚀深度是蒸发深度和相爆炸深度之和。

2.3 计算结果与讨论

2.3.1 等离子体屏蔽的影响

激光能量密度为 20J/cm^2 时, 有无等离子体屏蔽时的激光强度和烧蚀深度的对比如图 2-4 所示。有无等离子体屏蔽时, 激光强度和烧蚀深度曲线有较大的不同。两条烧蚀深度曲线的分离时间与两条激光强度曲线相同。这是因为当烧蚀深度达到一定程度时, 在靶材的表面会形成致密的等离子体, 它会吸收部分激光强度, 因此会使到达靶材表面的激光强度降低。反过来, 这又会影响靶材的烧蚀过程, 并减缓烧蚀深度的增加。

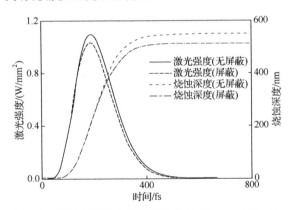

图 2-4 激光强度和烧蚀深度的对比($F_{\text{fluence}}=20\text{J/cm}^2$)

本章将等离子体屏蔽比例定义为等离子体羽流吸收的激光能量密度与入射激光能量密度的比值。假设有、无等离子体屏蔽时的激光强度曲线(分别对应图 2-4 中的黑色虚线和黑色实线)与 x 轴围成的面积分别为 A_w 和 A_{wo}, 则等离子体屏蔽比例的计算公式为 $1-A_w/A_{wo}$。等离子体屏蔽比例随着激光能量密度的变化如图 2-5 所示。在激光能量密度为 35J/cm² 以下时，等离子体屏蔽的比例随着激光能量密度的增加而增加。这表明，等离子体羽流的不透明程度随着激光能量密度的增加而增加。这说明，等离子体屏蔽对飞秒激光烧蚀过程有较大的影响，特别是在较高的激光能量密度下。本章随后给出的结果中都考虑等离子体屏蔽的影响。

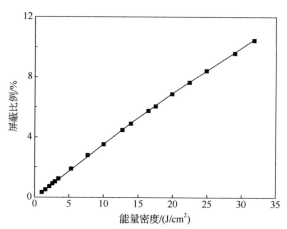

图 2-5　等离子体屏蔽比例随着激光能量密度的变化

2.3.2　延迟时间比值的影响

1. τ_q 不变时，比值 B 的影响

本节讨论 τ_q=1ps 时，比值 B 的影响。不同比值 B 情况时，激光能量密度为 0.2J/cm²、时间为 400fs 时的温度沿靶材深度分布情况如图 2-6 所示。靶材表面温度随着比值 B 的增大而减小，而热传导的深度随着比值 B 的增加而增加。这是因为，比值 B 的增加会加快热扩散的速度，使热量更快地向靶材内部传导，导致在相同的激光能量密度下，比值 B 较高时的表面温度低于比值 B 较低时的表面温度，而相应的热传导深度加大[2]。

不同比值 B 情况下，激光能量密度为 10J/cm² 时靶材表面的温度变化如图 2-7 所示。靶材表面温度随着比值 B 的增加先缓慢上升，当温度超过熔点后，靶材表面温度上升的速度大大加快。这是因为超过熔点后，靶材的吸收率提高，而导热系数降低。同时发现，比值 B 越大，靶材表面温度开始上升的时间越晚，其上升速度越缓慢。当靶材表面温度达到 $0.9T_{cr}$ 时，熔融层靶材由于发生相爆炸而被烧蚀。

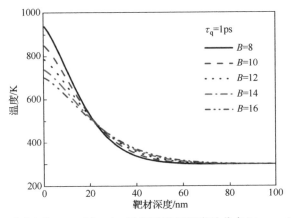

图 2-6　不同比值 $B(\tau_q$ 不变)时，温度沿靶材深度的分布(F_{fluence}=0.2J/cm²)

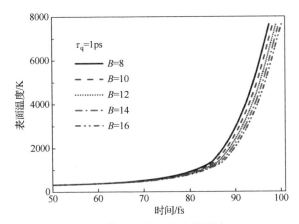

图 2-7　τ_q 不变时，比值 B 对表面温度的影响(F_{fluence}=10J/cm²)

τ_q 不变时，比值 B 对靶材表面温度的影响如图 2-8(a)所示。需要说明的是，此时的靶材表面是指烧蚀后的实时表面位置，它会随着烧蚀深度的变化而变化。不同比值 B 情况下，靶材表面温度都快速上升到 $0.9T_{\text{cr}}$ 并诱导相爆炸。由于激光能量的持续注入，相爆炸会持续发生，因此温度会维持在 $0.9T_{\text{cr}}$ 的位置。当激光能量减小到一定值时，表面温度不能维持在 $0.9T_{\text{cr}}$，这意味着相爆炸结束，靶材表面温度开始下降。由于模型中使用的激光脉宽为 FWHM (图 2-2)，在 FWHM 之外的部分时间内仍然有较强的激光强度，这导致图 2.8(a) 中的相爆炸维持时间超过 170fs。

对比不同比值 B 情况下的表面温度变化可知，比值 B 的改变对靶材温度上升阶段和下降阶段的影响较大，但是对相爆炸维持时间的影响不大。在温度下降阶段，由于 B 较大，热量向内部传导得较多，内部与表面之间的温度梯度较低，因此温度下降速度较慢。

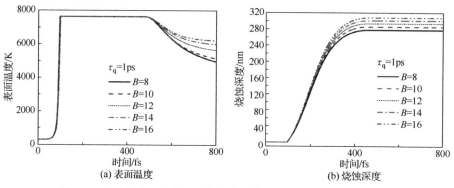

图 2-8　τ_q 不变时，比值 B 对靶材烧蚀特性的影响($F_{fluence}=10J/cm^2$)

τ_q 不变时，比值 B 对靶材烧蚀深度的影响如图 2-8(b)所示。随着比值 B 的增加，烧蚀深度增加。这是因为，在相爆炸开始后，表面温度会维持在相同的温度下($0.9T_{cr}$)，比值 B 增大时，热量向内部传递的速度加快，致使内部温度升高过多，从而加快烧蚀深度。由图 2-8(b)可知，在约 400fs 以后，烧蚀深度几乎不再增加，这表明飞秒激光烧蚀可以缩短工质供给的时间。

2. τ_T 不变时，比值 B 的影响

下面讨论 τ_T =12ps 时，比值 B 的影响。由于 τ_q 和 τ_T 分别代表热传导过程中类波行为和类扩散行为的强度，当比值 B 大于 1 时，类波行为的强度会衰减，类扩散行为的强度会增加，从而使热传导以超扩散的方式传播[81]。因此，通过改变 τ_q 的大小来改变比值 B 的大小，进而影响靶材烧蚀特性。τ_T 不变时，比值 B 对靶材烧蚀特性的影响如图 2-9 所示。由图 2-9(a)可知，随着比值 B 的

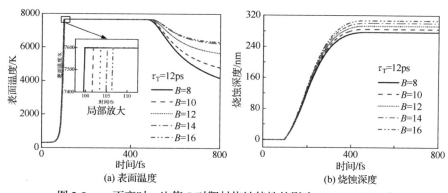

图 2-9　τ_T 不变时，比值 B 对靶材烧蚀特性的影响($F_{fluence}=10J/cm^2$)

增加，温度达到相爆炸温度的时间越晚，相爆炸结束后温度下降得越缓慢。由图 2-9(b)可知，随着比值 B 的增加，烧蚀深度增加。

2.3.3　激光能量密度的影响

在不同激光能量密度下，τ_T=12ps、τ_q=1ps 时的表面温度对比图如图 2-10(a)所示。随着激光能量密度的增大，靶材表面相爆炸开始的时间提前，并且相爆炸结束的时间也会相应延后，从而使相爆炸维持的时间延长。图 2-10(b)为不同激光能量密度下，τ_T=12ps、τ_q=1ps 时烧蚀深度随时间的变化趋势图。在烧蚀深度增加的阶段，激光能量密度越大，烧蚀深度曲线斜率越大，这表明烧蚀速率越快。因此，激光能量密度越大，烧蚀深度越深。同时，在不同激光能量密度下，烧蚀深度产生差异最大的时候主要集中在激光的 FWHM 内，其他时间引起的烧蚀深度差异较小。此外，尽管相爆炸温度下蒸发烧蚀速率较快(约为 25m/s)，但是由于持续时间较短，蒸发深度较小。即使在激光能量密度为 20J/cm² 时，蒸发深度也仅有 0.02nm，这表明飞秒激光烧蚀的机制以相爆炸为主。在纳秒激光烧蚀中，存在以蒸发为主的烧蚀机制向相爆炸为主的烧蚀机制转变的激光能量密度阈值[69]。

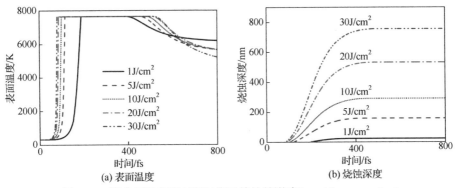

图 2-10　激光能量密度对靶材烧蚀特性的影响(τ_T=12ps，τ_q=1ps)

不同激光能量密度下，靶材不同温度层的烧蚀深度随时间的变化如图 2-11 所示。不同温度层包括烧蚀层、超热液体层(温度高于沸点，低于 $0.9T_{cr}$)、融化层(温度高于熔点，低于沸点)和热影响固体层(温度高于 0.4 倍的熔点[82]，低于熔点)。在激光能量密度为 1J/cm² 时，由于加热速度较慢，在开始烧蚀前和烧蚀过程中靶材内部形成了较为明显的热影响固体层、融化层和超热液体层，如图 2-11(a)所示。随着激光能量密度的增加，对靶材的加热速度和烧蚀速度加快，导致在靶材开始烧蚀前和烧蚀过程中靶材内部没有形成较为明显的热影响固体层、融化层和超热液体层，如图 2-11(b)～图 2-11(d)所示。同时，对比图 2-11 可以发现，不同激光能量密度下，靶材烧蚀结束后的热影响区域大小（温度高于 0.4 倍熔点，低于 $0.9T_{cr}$）相差不大，并且都不大于 100nm。这既表明飞秒激光烧蚀的热影响区域较小，又说明此时的热影响区域大小受激光能量密度的影响不大。

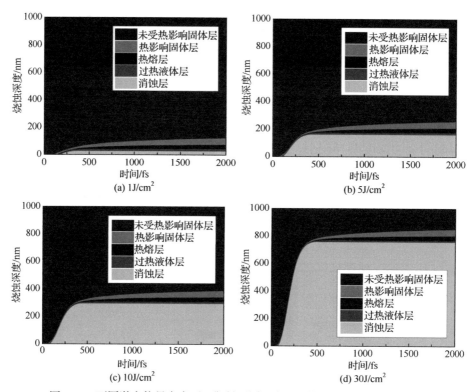

图 2-11　不同激光能量密度下，靶材不同温度层的烧蚀深度随时间的变化

（τ_T =12ps，τ_q =1ps）

2.3.4　靶材初始温度的影响

靶材初始温度对靶材烧蚀特性的影响如图 2-12 所示。由图 2-12(a)可知，随着靶材初始温度的提高，靶材到达相爆炸温度的时间缩短，并且温度开始从相爆炸温度下降的时刻越晚，从而提高相爆炸维持的时间。由图 2-12(b)可知，随着靶材初始温度的提高，在激光的 FWHM 内烧蚀深度曲线的斜率增大，这意味着烧蚀速率的增大。靶材初始温度的提高，使靶材温度加热到相爆炸温度所需的时间和激光能量降低，从而使更多的能量可以用于等离子体的形成和

质量移除。同时，烧蚀深度随着靶材初始温度的提高而增加，靶材初始温度从 50K 上升到 900K 时，烧蚀深度由 233.5nm 增加到 420.5nm，后者是前者的 1.8 倍。这说明，可以通过提高靶材的温度来增加相同激光能量下的烧蚀深度，从而增加工质供给量。

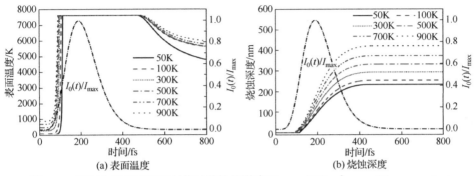

图 2-12　靶材初始温度对靶材烧蚀特性的影响(F_{fluence}=10J/cm², τ_{T} =12ps, τ_{q} =1ps)

不同靶材初始温度下，烧蚀深度随激光能量密度的变化如图 2-13 所示。随着靶材初始温度的升高，不同能量密度下的烧蚀深度都增加。同时比较发现，较低激光能量密度、较高靶材初始温度时的烧蚀深度，比较高激光能量密度、较低靶材初始温度时高。例如，700K、20J/cm² 时的烧蚀深度高于 50K、40J/cm² 时的烧蚀深度。

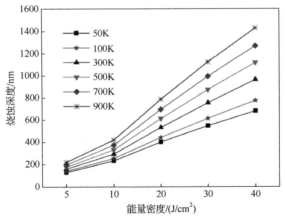

图 2-13　不同靶材初始温度下，烧蚀深度随激光能量密度的变化(τ_{T} = 12ps, τ_{q} = 1ps)

50K、40J/cm² 和 700K、20J/cm² 的靶材烧蚀特性对比如图 2-14 所示。尽管靶材表面温度为 50K 时的激光能量密度是 700K 时的两倍，但是靶材表面温度为 700K 比 50K 先达到相爆炸温度。由于靶材表面温度为 700K 的激光能量密度低，因此从相爆炸温度下降的时间比 50K 时的略早。对比靶材表面温度曲线可知，靶材初始温度为 50K 时的总相爆炸维持时间高于 700K。但是，对比靶材烧蚀深度曲线可知，靶材初始温度为 700K 时的烧蚀深度比 50K 时高。这说明，烧蚀深度并不与总相爆炸维持时间成正比。同时，两条烧蚀深度曲线差异最大的时候基本处于激光的 FWHM 内，进一步说明烧蚀深度的多少主要取决于激光 FWHM 内的烧蚀深度，其他时刻的影响则较小。700K、20J/cm² 时的烧蚀深度高于 50K、40J/cm² 的事实说明，通过提高靶材表面温度可以弥补部分激光能量，进而降低产生相同烧蚀深度或烧蚀质量时所需的激光能量密度。从物理角度分析，靶材初始温度较高时，相应的分子和原子动能会增加，更多的原子和离子会从靶材表面离开，从而增加了烧蚀速度。因此，通过提高靶材初始温度可以有效降低供给相同质量工质时的激光能量密度，进而降低推力器对激光器的要求。

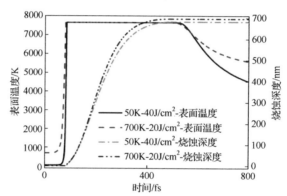

图 2-14　50K、40J/cm² 和 700K、20J/cm² 的靶材烧蚀特性对比(τ_{T} = 12ps，τ_{q} = 1ps)

相爆炸阈值能量密度是指能使靶材表面温度达到相爆炸温度的最低能量密度。不同靶材初始温度下，相爆炸阈值能量密度随激光脉宽的变化如图 2-15 所示。由该图可知，在所有靶材初始温度下，相爆炸阈值能量密度随着激光脉宽增加，呈现出先降低后升高的趋势。这是因为，在靶材温度较低时，靶材对激光的反射率很高，此时绝大多数激光能量会被反射。在激光脉宽较短时，虽然此时最大激光强度很高，但是由于激光脉宽较短，激光的很多能量会被反射，因此需要更高的激光能量密度才能达到相爆炸温度。在激光脉宽较宽时，随着激光脉宽的增加，传递到靶材内部的能量增加，从而需要更高的激光能量密度诱发相爆炸。因此，过低的激光脉宽和过高的激光脉宽都不利于靶材的烧蚀。同时，随着靶材初始温度的增加，不同激光脉宽下的相爆炸阈值能量密度都降低，而且相爆炸阈值能量密度的降低程度随着激光脉宽的增加而增大。因此，提高靶材初始温度可以有效降低相爆炸的阈值能量密度。

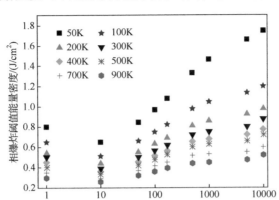

图 2-15　不同靶材初始温度下，相爆炸阈值能量密度随激光脉宽的变化（$\tau_T = 12\text{ps}$，　$\tau_q = 1\text{ps}$）

2.3.5　模型验证

　　为了验证模型的有效性，将烧蚀深度的计算结果与 Davydov 等[83]和 Hashida 等[84]通过实验测得的飞秒激光烧蚀 Cu 的结果进行对比。其中，Davydov 等的实验条件如下：激光脉宽为 170fs，激光波长为 800nm，聚焦点直径约为 16μm；Hashida 等的实验条件如下：激光脉宽为 70fs，激光波长为 800nm，聚焦点直径约为 41.5μm。由这两个实验的聚焦点直径和相应的烧蚀深度可知，聚焦点直径远远大于烧蚀深度。因此，可以用一维模型对其进行模拟，并且分别采用与这两个实验相同的激光参数进行计算。

　　图 2-16 给出了文献[83]、[84]的实验结果与两个理论模型的计算结果的对比，其中两个理论模型分别为基于 DPL 模型的热传导模型和傅里叶热传导模

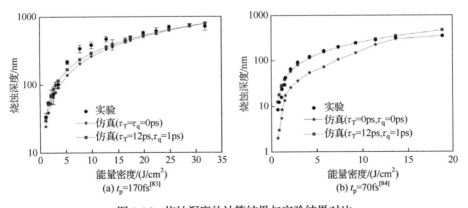

图 2-16　烧蚀深度的计算结果与实验结果对比

型(即把基于 DPL 模型的热传导模型中的两个延迟时间都设置为 0ps)。与傅里叶热传导模型相比,基于 DPL 模型的热传导模型的计算结果与实验结果吻合得更好。这表明,非傅里叶效应在飞秒激光烧蚀过程中起到了至关重要的作用,基于 DPL 模型的飞秒激光烧蚀模型能有效对飞秒激光烧蚀过程进行模拟。

2.4　本章小结

本章建立了考虑靶材加热、蒸发和相爆炸、等离子体羽流形成和膨胀、等离子体羽流与入射激光相互作用的飞秒激光烧蚀金属模型。模型主要考虑光学和热物性参数随温度的变化,得到的主要结论如下。

(1) 等离子体屏蔽在飞秒激光烧蚀过程中起着至关重要的作用,特别是在激光能量密度较高时。

(2) 延迟时间比值 B 对靶材表面的温度特性和烧蚀深度特性有较大影响。比值 B 的增加会加快热扩散的程度,从而使表面温度上升减缓,但是在烧蚀开始后会加快烧蚀的速度。

(3) 烧蚀深度随着激光能量密度的增加而增加,烧蚀深度产生差异最大的时候主要集中在激光的 FWHM 内。飞秒激光的工质供给时间较短,飞秒激光烧蚀的机制以相爆炸为主。飞秒激光烧蚀的热影响区域较小,并且热影响区域的大小受激光能量密度的影响较小。

(4) 通过提高靶材初始温度,可以有效降低供给相同质量工质时的激光能量密度,从而降低推力器对激光器的要求。此外,提高靶材初始温度,可以有效降低相爆炸阈值能量密度。

(5) 对比计算结果与实验结果可知,基于 DPL 模型的飞秒激光烧蚀模型能够有效模拟飞秒激光烧蚀过程。

参 考 文 献

[1] Shirk D, Molian P A. A review of ultrashort pulsed laser ablation of materials[J]. Journal of Laser Applications, 1998, 10: 18-28.

[2] Mao Y D, Xu M T. Non-Fourier heat conduction in a thin gold film heated by an ultra-fast-laser[J]. Science China Technological Sciences, 2015, 58: 638-649.

[3] Amoruso S, Ausanio G, Bruzzese R, et al. Femtosecond laser pulse irradiation of solid targets as a general route to nanoparticle formation in a vacuum[J]. Physical Review B, 2005, 71, 033406.

[4] Tsakiris N, Anoop K K, Ausanio G, et al. Ultrashort laser ablation of bulk copper targets: Dynamics

and size distribution of the generated nanoparticles[J]. Journal of Applied Physics, 2014, 115, 243301.

[5] Liebig C M, Srisungsitthisunti P, Weiner A M, et al. Enhanced machining of steel using femtosecond pulse pairs[J]. Applied Physics A, 2010, 101: 487-490.

[6] Herman P R, Oettl A, Chen K P, et al. Laser micromachining of transparent fused silica with 1-ps pulses and pulse trains[C]//Proceedings of SPIE-The International Society for Optical Engineering, 1999.

[7] Derrien T J, Krüger J, Itina T E, et al. Rippled area formed by surface plasmon polaritons upon femtosecond laser double-pulse irradiation of silicon[J]. Optics Express, 2014, 117: 77-81.

[8] Papavlu A P, Urech L, Lippert T, et al. Fs laser-induced plasmas from energetic polymers: Towards micro-laser plasma thruster application[J]. Plasma Processes and Polymers, 2016, 13: 611-622.

[9] Loktionov E Y, Protasov Y S, Protasov Y Y. Efficiency of recoil momentum generation during femtosecond laser ablation of copper in vacuum[J]. Journal of Applied Spectroscopy, 2020,80(2): 249-257.

[10] Piñon V, Fotakis C, Nicolas G, et al. Double pulse laser-induced breakdown spectroscopy with femtosecond laser pulses[J]. Spectrochimica Acta—Part B, 2008, 63: 1006-1010.

[11] Miyamoto I, Horn A, Gottmann J, et al. Fusion welding of glass using femtosecond laser pulses with high-repetition rates[J]. Journal of Laser Micro/Nanoengineering, 2007, 2: 57-63.

[12] Loktionov E Y, Protasov Y S, Protasov Y Y. Experimental investigation of recoil-momentum-generation efficiency under near-IR femtosecond laser ablation of refractory metals in vacuum[J]. Optics and Spectroscopy, 2013, 115(5): 758-763.

[13] Chichkov B N, Momma C, Nolte S, et al. Femtosecond, picosecond and nanosecond laser ablation of solids[J]. Applied Physics A, 1996, 63: 109-115.

[14] Zhang Y, Tzou D Y, Chen J K. Micro-and Nanoscale Heat Transfer in Femtosecond Laser Processing of Metals[M]. New York: Nova Science Publisher, 2009.

[15] 谭胜, 吴建军, 黄强, 等. 基于双相延迟模型的飞秒激光烧蚀金属模型[J]. 物理学报, 2019, 68(5): 57901.

[16] Wu B, Shin Y C. A simple model for high fluence ultra-short pulsed laser metal ablation[J]. Applied Surface Science, 2007, 253: 4079-4084.

[17] Wu B, Shin Y C. A simplified predictive model for high-fluence ultra-short pulsed laser ablation of semiconductors and dielectrics[J]. Applied Surface Science, 2009, 255: 4996-5002.

[18] Qiu T Q, Tien C L. Femtosecond laser heating of multi-layer metals-i. analysis[J]. International Journal of Heat and Mass Transfer, 1994, 37: 2789-2797.

[19] Tzou D Y, Chen J K, Beraun J E. Recent development of ultrafast thermoelasticity[J]. Journal of Thermal Stresses, 2005, 28: 563-594.

[20] Singh N. Two-temperature model of non-equilibrium electron relaxation: A review[J]. International Journal of Modern Physics B, 2010, 24: 1141-1158.

[21] Qiu T Q, Tien C L. Heat transfer mechanisms during short-pulse laser heating of metals[J]. Journal of Heat Tranfer, 1993, 115: 835-841.

[22] Chen J K, Beraun J E. Numerical study of ultrashort laser pulse interactions with metal films[J].

Numerical Heat Transfer—Part A: Applications, 2001, 40: 1-20.

[23] Jiang L, Tsai H L. Improved two-temperature model and its application in ultrashort laser heating of metal films[J]. Journal of Heat Transfer, 2005, 127: 1167-1173.

[24] Chen J K, Tzou D Y, Beraun J E. A semiclassical two-temperature model for ultrafast laser heating[J]. International Journal of Heat and Mass Transfer, 2006, 49: 307-316.

[25] Carpene E. Ultrafast laser irradiation of metals: Beyond the two-temperature model[J]. Physical Review B, 2006, 74: 24301.

[26] Fang R, Wei H, Li Z, et al. Improved two-temperature model including electron density of states effects for au during femtosecond laser pulses[J]. Solid State Communications, 2012, 152: 108-111.

[27] Zhang J, Chen Y, Hu M, et al. An improved three-dimensional two-temperature model for multi-pulse femtosecond laser ablation of aluminum[J]. Journal of Applied Physics, 2015, 117, 063104.

[28] Shin T, Teitelbaum S W, Wolfson J, et al. Extended two-temperature model for ultrafast thermal response of band gap materials upon impulsive optical excitation[J]. The Journal of Chemical Physics, 2015, 143: 194705.

[29] Sonntag S, Roth J, Gaehler F, et al. Femtosecond laser ablation of aluminium[J]. Applied Surface Science, 2009, 255: 9742-9744.

[30] Ji P, Zhang Y. Melting and thermal ablation of a silver film induced by femtosecond laser heating: A multiscale modeling approach[J]. Applied Physics A, 2017, 123: 671.

[31] Colombier J P, Combis P, Bonneau F, et al. Hydrodynamic simulations of metal ablation by femtosecond laser irradiation[J]. Physical Review B, 2005, 71: 165406.

[32] Zhao X, Shin Y C. A Two-dimensional comprehensive hydrodynamic model for femtosecond laser pulse interaction with metals[J]. Journal of Physics D: Applied Physics, 2012, 45: 105201.

[33] Taylor L L, Scott R E, Qiao J. Integrating two-temperature and classical heat accumulation models to predict femtosecond laser processing of silicon[J]. Optical Materials Express, 2018, 8: 648-658.

[34] Fann W S, Storz R, Tom H W K, et al. Direct measurement of nonequilibrium electron-energy distributions in subpicosecond laser-heated gold films[J]. Physical Review Letters, 1992, 68: 2834-2837.

[35] Groeneveld R H M, Sprik R, Lagendijk A. Femtosecond spectroscopy of electro-electron and electron-phonon energy relaxation in Ag and Au[J]. Physical Review B, 1995, 51: 11433.

[36] Schmidt V, Husinsky W, Betz G. Ultrashort laser ablation of metals: Pump-probe experiments, the role of ballistic electrons and the two-temperature model[J]. Applied Surface Science, 2002, 197-198: 145-155.

[37] Byskov-Nielsen J, Savolainen J M, Christensen M S, et al. Ultra-short pulse laser ablation of copper, silver and tungsten: Experimental data and two-temperature model simulations[J]. Applied Physics A, 2011, 103: 447-453.

[38] Christensen B H, Vestentoft K, Balling P. Short-pulse ablation rates and the two-temperature model[J]. Applied Surface Science, 2007, 253: 6347-6352.

[39] Abdelmalek A, Bedrane Z, Amara E. Thermal and non-thermal explosion in metals ablation by

femtosecond laser pulse: Classical approach of the two temperature model[J]. Journal of Physics: Conference Series, 2018, 987: 12012.

[40] Qi H T, Xu H Y, Guo X W. The Cattaneo-type time fractional heat conduction equation for laser heating[J]. Computers and Mathematics with Applications, 2013, 66: 824-831.

[41] Rahideh H, Malekzadeh P, Haghighi M R G. Non-Fourier heat conduction analysis with temperature-dependent thermal conductivity[J]. International Scholarly Research Network Mechanical Engineering, 2011, 321605: 1-10.

[42] Catteneo C. A form of heat conduction equation which eliminates the paradox of instantaneous propagation[J]. Compte Rendus, 1958, 247: 431-433.

[43] Vernotte P. Les paradoxes de la theorie continue de l'equation de la chaleur[J]. Compte Rendus, 1958, 246: 3154-3155.

[44] Vick B, ÖZisik M N. Growth and decay of a thermal pulse predicted by the hyperbolic heat conduction equation[J]. Journal of Heat Transfer, 1983, 105: 902-907.

[45] Jiang F, Liu D, Zhou J. Non-Fourier heat conduction phenomena in porous material heated by microsecond laser pulse[J]. Microscale Thermophysical Engineering, 2002, 6: 331-346.

[46] Bag S, Sahu P K. Influence of pulse shaping in thermal analysis of ultra-shot pulse laser welding using non-fourier heat conduction[C]//Proceedings of the 11th International ISHMT-ASME Heat and Mass Transfer Conference, 2013.

[47] Zhang L, Shang X. Analytical solution to non-fourier heat conduction as a laser beam irradiating on local surface of a semi-infinite medium[J]. International Journal of Heat and Mass Transfer, 2015, 85: 772-780.

[48] Singh S, Kumar S. Numerical study on triple layer skin tissue freezing using dual-phase-lag bio-heat model[J]. International Journal of Thermal Sciences, 2014, 86: 12-20.

[49] Li J, Wang B. Numerical analysis of temperature field and thermal stress associated with dual-phase-lag heat conduction[J]. Mechanics of Advanced Materials and Structures, 2018, 27(15): 1-8.

[50] Tzou D Y. A unified field approach for heat conduction from macro- to micro-scales[J]. Journal of Heat Transfer, 1995, 17: 8-16.

[51] 周凤玺, 李世荣. 金属薄膜在短脉冲激光加热下的温度响应[J]. 兰州大学学报(自然科学版), 2006, 42(2): 55-59.

[52] Tzou D Y. Experimental support for the lagging behavior in heat propagation[J]. Journal of Thermophysics and Heat Transfer, 1995, 9(4): 686-693.

[53] Ho J R, Kuo C P, Jiaung W S. Study of heat transfer in multilayered structure within the framework of dual-phase-lag heat conduction model using lattice Boltzmann method[J]. International Journal of Heat and Mass Transfer, 2003, 46: 55-69.

[54] Chazanfarian J, Abbassi A. Effect of boundary phonon scattering on dual-phase-lag model to simulate micro-and nano-scale heat conduction[J]. International Journal of Heat and Mass Transfer, 2009, 52: 3706-3711.

[55] Ghazanfarian J, Shomali Z. Investigation of dual-phase-lag heat conduction model in a nanoscale metal-oxide-semiconductor field-effect transistor[J]. International Journal of Heat and Mass

Transfer, 2012, 55: 6231-6237.

[56] Askarizadeh H, Ahmadikia H. Analytical analysis of the dual-phase-lag model of bioheat transfer equation during transient heating of skin tissue[J]. Heat Mass Transfer, 2014, 50: 1673-1684.

[57] Zhang Y, Chen B, Li D. Non-Fourier effect of laser-mediated thermal behaviors in bio-tissues: A numerical study by the dual-phase-lag model[J]. International Journal of Heat and Mass Transfer, 2017, 108: 1428-1438.

[58] Vadasz P. Lack of oscillations in dual-phase-lagging heat conduction for a porous slab subject to imposed heat flux and temperature[J]. International Journal of Heat and Mass Transfer, 2005, 48: 2822-2828.

[59] Tzou D Y. Macro-to Microscale Heat Transfer: The Lagging Behavior[M]. 2nd ed. London: Wiley, 2015.

[60] Tzou D Y, Chiu K S. Temperature-dependent thermal lagging in ultrafast laser heating[J]. International Journal of Heat and Mass Transfer, 2001, 44: 1725-1734.

[61] Lee Y M, Tsai T W. Ultra-fast pulse-laser heating on a two-layered semi-infinite material with interfacial contact conductance[J]. International Communications in Heat and Mass Transfer, 2007, 34: 45-51.

[62] Ramadan K, Tyfour W R, Al-Nimr M A. On the analysis of short-pulse laser heating of metals using the dual-phase-lag heat conduction model[J]. Journal of Heat Transfer, 2009, 131:111301.

[63] Kumar S, Bag S, Baruah M. Finite element model for femtosecond laser pulse heating using dual-phase-lag effect[J]. Journal of Laser Applications, 2016, 28: 32008.

[64] Kumar D, Rai K N. Numerical simulation of time fractional dual-phase-lag model of heat transfer within skin tissue during thermal therapy[J]. Journal of Thermal Biology, 2017, 67: 49-58.

[65] Ji C, Dai W, Sun Z. Numerical method for solving the time-fractional dual-phase-lagging heat conduction equation with the temperature-jump boundary condition[J]. Journal of Scientific Computing, 2018, 75: 1307-1336.

[66] Marla D, Bhandarkar U V, Joshi S S. Critical assessment of the issues in the modeling of ablation and plasma expansion processes in the pulsed laser deposition of metals[J]. Journal of Applied Physics, 2011, 109: 021101.

[67] 谭新玉, 张端明, 李智华, 等. 纳秒脉冲激光沉积薄膜过程中的烧蚀特性研究[J]. 物理学报, 2005, 54(8): 3915-3921.

[68] Peterlongo A, Miotello A, Kelly R. Laser-pulse sputtering of aluminum: Vaporization, boiling, superheating, and gas-dynamic effects[J]. Physical Review E, 1994, 50: 4716-4727.

[69] Gragossian A, Tavassoli S H, Shokri B. Laser ablation of aluminum from normal evaporation to phase explosion[J]. Journal of Applied Physics, 2009, 105: 103304.

[70] Marla D, Bhandarkar U V, Joshi S S. A model of laser ablation with temperature-dependent material properties, vaporization, phase explosion and plasma shielding[J]. Applied Physics A, 2014, 116: 273-285.

[71] Singh R K, Narayan J. Pulsed-laser evaporation technique for deposition of thin films: Physics and theoretical model[J]. Physical Review B, 1990, 41: 8843-8859.

[72] Chen F F. Introduction to Plasma Physics and Controlled Fusion—Volume 1: Plasma Physics[M].

New York: Plenum Press, 1985.

[73] Garrelie F, Aubreton J, Catherinot A. Monte Carlo simulation of the laser-induced plasma plume expansion under vacuum: Comparison with experiments[J]. Journal of Applied Physics, 1998, 83: 5075-5082.

[74] Brandt R, Neuer G. Electrical resistivity and thermal conductivity of pure aluminum and aluminum alloys up to and above the melting temperature[J].International Journal of Thermophysics, 2007, 28(5): 1429-1446.

[75] Ho C Y, Powell R W, Liley P E. Thermal conductivity of the elements[J]. Journal of Physical and Chemical Reference Data, 1972, 1: 279-421.

[76] Lide D R, Haynes W M. CRC Handbook of Chemistry and Physic[M]. 90th ed. Florida: CRC Press, 2010.

[77] Clair G, L'Hermite D. 1D modelling of nanosecond laser ablation of copper samples in argon at $p = 1$atm with a wavelength of 532nm[J]. Journal of Applied Physics, 2011, 110: 83307.

[78] Singh K S, Sharma A K. Effect of variation of magnetic field on laser ablation depth of copper and aluminum targets in air atmosphere[J]. Journal of Applied Physics, 2016, 119: 183301.

[79] 张代贤. 激光支持脉冲等离子体推力器理论、实验与仿真研究[D]. 长沙: 国防科学技术大学, 2014.

[80] 陶文铨. 数值传热学[M]. 2 版. 西安: 西安交通大学出版社, 2001.

[81] 蒋方明, 刘登瀛. 非傅里叶导热现象的双元相滞后模型剖析[J]. 上海理工大学学报, 2001, 23(3): 197-200.

[82] Valette S, Harzic R Le, Huot N, et al. 2D calculations of the thermal effects due to femtosecond laser-metal interaction[J]. Applied Surface Science, 2005, 247: 238-242.

[83] Davydov R V, Antonov V I. Simulation of femtosecond pulsed laser ablation of metals[J]. Journal of Physics: Conference Series, 2016, 769: 12060.

[84] Hashida M, Semerok A, Gobert O, et al. Ablation thresholds of metals with femtosecond laser pulses[C]//Proceedings of the International Society for Optical Engineering, 2001.

第3章 铝工质激光烧蚀及羽流运动特性建模与仿真

3.1 引　言

在 LAPPT 工作过程中，首先利用强激光辐照固体工质表面，产生气态或等离子体态烧蚀羽流，烧蚀羽流进入推力器阴阳极间的放电通道，触发放电将烧蚀羽流进一步电离，并在电磁场的作用下加速喷出，从而形成推力。但是，一般情况下，烧蚀羽流中并不完全是气态或等离子态工质，往往掺杂部分固态的中性原子团或微颗粒，会严重降低工质利用效率，且极易造成推力器电极的污染。因此，工质的激光烧蚀过程将直接影响推力器的工作性能，需要对工质的激光烧蚀过程和机理开展深入研究。本章主要针对金属工质的短脉冲强激光烧蚀及烧蚀羽流的膨胀和电离过程进行理论建模和数值仿真，并对比实验结果。

固体工质的激光烧蚀过程涉及热传导、热蒸发、介电转变[1]、相爆炸[2-6]等多种物理机制。工质热物性和激光参数对激光烧蚀过程影响显著。因此，精确计算工质热物性和激光参数在烧蚀过程中的变化十分必要。由于激光辐照作用，工质表面温度迅速升高并发生熔融作用，部分熔融工质开始蒸发。在激光加热过程中，工质表面温度可能高于普通沸腾温度，形成超热状态[7]。然而，该超热状态十分不稳定，任何微小的扰动都会将其平衡打破。对于充足的激光强度，工质温度可能达到 $0.8T_c$(T_c 为工质的临界温度)，在超热区域发生介电转变。在这种情况下，工质会在其表面附近形成介电层。该层内金属会失去固有的特性，即反射率和吸收率急剧降低[8]。当工质温度达到 $0.9T_c$ 时，工质内超热液体突然转变为液滴、蒸气和固体小颗粒的混合物，随后从工质逸出，此过程称为相爆炸。此时，工质的激光烧蚀速率由气化和相爆炸共同贡献。相关实验研究表明，铝工质的激光烧蚀过程存在激光能量密度阈值 F_{th}，使工质的烧蚀速率在激光能量密度 $F > F_{th}$ 时陡然上升。实验测得铝工质的激光能量密度阈值 $F_{th} = 5.2J/cm^2$[5,9]。

此外，在激光烧蚀过程中，伴随着烧蚀羽流的膨胀运动和电离，烧蚀羽流对激光进行动态吸收和屏蔽，导致到达工质表面的激光强度发生动态变化，进而影响工质烧蚀。烧蚀羽流吸收部分激光能量，使烧蚀羽流中的密度、温度、压力和组分发生变化，进而影响放电前推力器阴阳极间工质的分布和组分状态。近年来，学者们针对脉冲激光产生等离子体羽流的动力学过程已经广泛开展了实验和数值仿真研究[10-24]。尤其是，已经提出多种理论模型来描述烧蚀羽流的膨胀和等离子体在羽流中的形成[22]。Lide[25]利用流体动力学方程描述羽流膨胀(称为流体动力学模型)。流体动力学模型被广泛应用于各种激光-固体相互作用的研究中[25-29]。为了计算由羽流吸收和屏蔽引起的激光能量损失，在一些流体动力学模型计算中需要考虑羽流中的等离子体的形成[30-33]。然而，之前大多数的羽流运动模型是一维的，即忽略了烧蚀羽流的径向运动。对于LAPPT，烧蚀羽流在推力器内的径向运动受到阴极内壁面的限制，并且烧蚀羽流在推力器内的径向分布对建立推力器放电的初始状态至关重要[34]，因此本章建立了烧蚀羽流的二维运动模型，用来研究烧蚀羽流的膨胀运动和电离作用。

　　本章开展短脉宽强激光辐照条件下，铝工质的烧蚀特性及烧蚀羽流运动和电离过程研究。首先，在考虑材料热物性变化、相变、介电转变和相爆炸的基础上，建立热传导模型计算铝工质的激光烧蚀特性。同时，考虑电离、烧蚀羽流吸收和屏蔽作用，建立二维流体动力学模型来计算烧蚀羽流的运动过程。在每一时间步，将烧蚀羽流运动和工质烧蚀过程进行耦合计算。然后，分别将工质热传导模型和烧蚀羽流运动模型的计算结果与实验结果进行对比验证，求解得到铝等离子体的屏蔽效应、激光参数、环境压强等因素对工质烧蚀特性和烧蚀羽流运动过程的影响规律。

3.2　热传导和相爆炸模型

3.2.1　数学模型

　　脉冲激光束辐照在铝工质表面，铝工质烧蚀及烧蚀羽流运动示意图如图 3-1 所示。铝工质的初始长度为 δ，熔融相界面为 S_m，介电层与液相界面为 D，烧蚀表面的位置为 S，推力器阴极管内径记为 D_c，羽流运动方向为 Z。由于激光能量沉积作用，工质表面温度开始升高，当工质表面温度达到熔融温度 T_m 时，工质表面开始熔化。随着工质内激光能量继续沉积，当表面温度达到沸腾温度 T_b 时，工质熔融层内一部分开始蒸发和电离。在充足的激光能量辐照下，工质表面温度可以达到 $0.8T_c$。此时，在超热熔融层内发生介电转变，从而在工质表面附近形成介电层。在介电层内，工质的电导率和吸收系数显著降低[2,8]。随着工质内激光能量的继续沉积，工质表面温度可能超过 $0.8T_c$，此时在介电层内会发生均匀成核现象。当工质表面温度接近 $0.9T_c$ 时，工质内成核速率迅速增加，这可能导致工质内液滴和蒸气的喷射，发生相爆炸。

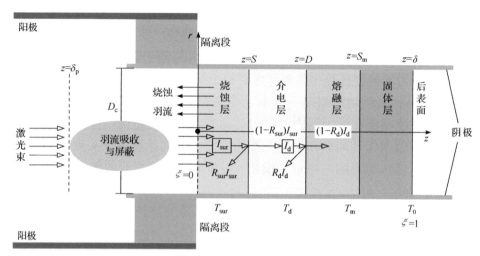

图 3-1　铝工质烧蚀及烧蚀羽流运动示意图

此外，烧蚀羽流在入射激光束相反方向上膨胀运动，并且在入射激光束到达工质表面之前吸收部分激光能量。烧蚀羽流中的激光能量沉积会加速烧蚀羽流的膨胀运动，同时烧蚀羽流对激光能量的屏蔽作用显著影响工质的热传导过程。

对于短脉宽强激光烧蚀铝工质的情况，激光光斑尺寸往往远大于工质的吸收深度。因此，利用基于焓形式的一维热传导方程，可以计算工质内的温度分布，即

$$\frac{\partial H}{\partial t} = \frac{\partial}{\partial x}\left(K(T)\frac{\partial T}{\partial x}\right) + \upsilon_s(t)\frac{\partial H}{\partial x} + S \tag{3-1}$$

其中，$\upsilon_s(t)$ 为工质表面烧蚀退移速率；S 为工质内激光能量沉积的热源项。

考虑工质烧蚀表面的退移，在计算过程中进行坐标变换，可以利用坐标变换式(3-2)，将坐标系由 (x, t) 变换为 (ξ, τ)，即

$$\begin{cases} \tau = t \\ \xi = \dfrac{x - s(t)}{\delta - s(t)} \end{cases} \tag{3-2}$$

如图 3-1 所示，$\xi=0$ (即 $x=s(t)$) 表示工质烧蚀表面坐标，$\xi=1$ (即 $x=\delta$) 表示工质后表面坐标。此外，由微分的链式法则可得

$$\begin{cases} \dfrac{\partial}{\partial x} = \dfrac{1}{\delta-s(t)}\dfrac{\partial}{\partial \xi} \\[3mm] \dfrac{\partial}{\partial t} = \dfrac{\partial}{\partial \tau} - \dfrac{\upsilon_{\mathrm{s}}(t)(1-\xi)}{\delta-s(t)}\dfrac{\partial}{\partial \xi} \end{cases} \tag{3-3}$$

结合式(3-3)，热传导方程可变换为

$$\frac{\partial H}{\partial \tau} = \frac{1}{(\delta-s)^2}\frac{\partial}{\partial \xi}\left(K\frac{\partial T}{\partial \xi}\right) + \frac{\upsilon_{\mathrm{s}}(1-\xi)}{\delta-s}\left[\left(1+\frac{1}{1-\xi}\right)\frac{\partial H}{\partial \xi}\right] + S \tag{3-4}$$

工质初始温度等于环境温度，因此式(3-4)的计算初始条件为

$$T(x,t)\big|_{t=0} = T_0 \tag{3-5}$$

假设工质后表面为绝热边界条件，工质烧蚀表面边界条件可由能量守恒方程获得。因此，式(3-4)的边界条件为

$$\frac{\partial T(x,t)}{\partial x}\bigg|_{x=\delta} = 0, \quad K\frac{\partial T(x,t)}{\partial x}\bigg|_{x=s(t)} = L_{\mathrm{v}}\rho\upsilon_{\mathrm{s}} \tag{3-6}$$

其中，K 为铝工质导热系数；下标 v 表示气相；L_{v} 为铝工质的蒸发潜热；ρ 为工质密度。

3.2.2　相变体积焓

当工质温度低于相变温度 T_{m} 时，工质体积焓 H 可由式(3-7)计算得到，即

$$H = \int_{T_{\mathrm{ref}}}^{T} \rho C_{\mathrm{p}}\mathrm{d}T + \Delta H_0 \tag{3-7}$$

其中，T_{ref} 为参考温度(298.15K)；ΔH_0 为参考状态下工质的焓值。

随着激光辐照工质，激光能量在工质内部沉积，当工质温度超过相变温度 T_{m} 时，工质开始由固相向液相转变。此时，引入液相体积分数 f。在相变开始时刻，液相体积分数 $f=0$，此时体积焓可计算为

$$H_{\mathrm{m,0}} = \int_{T_{\mathrm{ref}}}^{T_{\mathrm{m}}} \rho C_{\mathrm{p}}\mathrm{d}T + \Delta H_0 \tag{3-8}$$

随着工质内激光能量继续沉积，液相体积分数 f 逐渐增加，体积焓为

$$H = H_{\mathrm{m,0}} + f\rho_{\mathrm{m}}L_{\mathrm{m}} \tag{3-9}$$

其中，L_{m} 为铝工质熔化潜热；ρ_{m} 为铝工质在相变温度 T_{m} 时的密度，即

$$\rho_{\mathrm{m}} = f\rho\left(T_{\mathrm{m}}^{+}\right) + (1-f)\rho\left(T_{\mathrm{m}}^{-}\right) \tag{3-10}$$

当工质相变结束时，液相体积分数 $f = 1$，即计算区域内完全为液相，此时的焓值为

$$H_{\mathrm{m,1}} = H_{\mathrm{m,0}} + \rho_{\mathrm{m}}L_{\mathrm{m}} \tag{3-11}$$

相变结束后，由于激光辐照作用，工质内激光能量继续沉积，工质温度继续升高，其焓值可由式(3-12)计算获得，即

$$H = H_{\mathrm{m,1}} + \int_{T_{\mathrm{m}}}^{T} \rho C_{\mathrm{p}}\mathrm{d}T \tag{3-12}$$

此外，液相体积分数 f 可基于焓值由式(3-12)计算得到，即

$$f = \begin{cases} 0, & H < H_{\mathrm{m,0}} \\ \dfrac{H - H_{\mathrm{m,0}}}{\rho_{\mathrm{m}}L_{\mathrm{m}}}, & H_{\mathrm{m,0}} \leqslant H \leqslant H_{\mathrm{m,1}} \\ 1, & H > H_{\mathrm{m,1}} \end{cases} \tag{3-13}$$

3.2.3 热源项

对于短脉宽强激光，激光光强由式(3-14)计算得到[1,2]，即

$$I_0(t) = I_{\mathrm{peak}}\left(\frac{t}{t_{\max}}\right)^7 \exp\left(7\left(1 - \frac{t}{t_{\max}}\right)\right) \tag{3-14}$$

其中，I_0 为激光器初始强度；I_{peak} 为激光峰值强度；$t_{\max}$ 为激光峰值光强时刻。

激光器脉冲能量密度 F 可由式(3-15)计算得到，即

$$F \times 10^4 = \int_0^{t_{\mathrm{f}}} I_0(t)\mathrm{d}t \tag{3-15}$$

其中，t_{f} 为激光脉冲结束时刻。

由于烧蚀羽流对激光能量的吸收和屏蔽作用，到达工质表面的激光强度是动态变化的。工质表面激光强度计算为

$$I_{\mathrm{s}}(t) = I_0(t)\exp\left(-\int_{-\delta_{\mathrm{p}}}^{s(t)} \beta(t)\mathrm{d}x\right) \tag{3-16}$$

其中，β 为烧蚀羽流的吸收系数。

在工质温度达到介电转变温度 $0.8T_{\mathrm{c}}$ 之前，工质内不会发生介电转变，工质内热源项可计算为

$$S(x,t) = (1 - R_s)I_s(t)\alpha(t)\exp\left(-\int_{s(t)}^{x}\alpha(t)\mathrm{d}x\right) \tag{3-17}$$

其中，α 为工质吸收系数；R_s 和 I_s 为工质表面反射率和激光强度。

当工质表面温度超过介电转变温度 $0.8T_c$ 时，工质内开始发生介电转变，在工质表面附近开始形成介电层(图 3-1)。在工质烧蚀表面和介电层与液相交界面处，激光束会分别被反射一次。因此，工质介电层内$[s(t) \leqslant x \leqslant d(t)]$的激光强度可由式(3-17)计算得到。工质液相和固相内$(x > d(t))$的激光强度可由式(3-18)计算得到，即

$$S(x,t) = (1 - R_d)I_d\alpha(t)\exp\left(-\int_{d(t)}^{x}\alpha(t)\mathrm{d}x\right) \tag{3-18}$$

其中，$d(t)$、R_d 和 I_d 为工质内介电层和液相交界面处的坐标、反射率和激光强度。

激光强度 I_d 可由式(3-19)计算得到，即

$$I_d = (1 - R_s)I_s(t)\exp\left(-\int_{s(t)}^{d(t)}\alpha(t)\mathrm{d}x\right) \tag{3-19}$$

3.2.4　工质烧蚀机制

蒸发、气化作用导致的工质材料烧蚀，可由赫兹-克努森方程(Herz-Knudsen)方程[4,35]和克劳修斯-克拉佩龙(Clausius-Clapeyron)方程[36]计算得到，即

$$\dot{m}_{vap}(t) = \beta_v\left(\frac{m_a}{2\pi k_B T_s(t)}\right)^{1/2}p_b\exp\left(\frac{m_a L_v}{k_B}\left(\frac{1}{T_b} - \frac{1}{T_s(t)}\right)\right) \tag{3-20}$$

其中，β_v 为铝工质蒸发系数(0.82)[37]；k_B 为玻尔兹曼常数；p_b 为参考压强 (1.01325×10⁵Pa)；m_a 为气相粒子质量(4.48×10⁻²⁶kg)。

当工质温度超过介电转变温度($0.8T_c$)时，工质内开始出现均匀气化核，并且液相进入超热状态，导致工质内液相密度急剧下降。当工质温度接近 $0.9T_c$ 时，气泡成核速率迅速增大，达到一定程度时，出现包含气泡、液相、固相粒子等的爆炸性粒子溅射喷发现象，即相爆炸。然而，相爆炸的发生是有限制的。只有当单脉冲内工质的热吸收深度 $X_{th} = 0.969^{[(k\tau p)^{1/2}]}$ 大于气泡的临界直径 d_c 时，相爆炸才可能发生[38,39]，其中 k 为热扩散率。此外，相爆炸的发生还受工质介电层内的吸收系数影响[40]。如图 3-2 所示，只有当工质温度超过 5310K($\approx 0.9T_c$) 或者烧蚀时间超过 25ns 时，$X_{th}/d_c > 1$，相爆炸才会发生。相关实验结果表明，

在激光强度 $F = 5.2\text{J/cm}^2$ 时，相爆炸发生约有 22ns 的时间延迟[5,9]。

只有当气泡尺寸达到临界尺寸时，这些气泡才可能冲破工质表面逸出。尺寸小于临界尺寸 R_c 的气泡将会慢慢消融。气泡临界尺寸 R_c 可由式(3-20)计算得到[4]，即

$$R_c = \frac{2\sigma_s}{p_{sat}(T_1)\exp((p_1 - p_{sat}(T_1))m_a / (\rho_1 k_B T_1)) - p_1} \tag{3-21}$$

其中，σ_s 为工质表面张力，可表示为 $\sigma_s = a_s - b_s T$，$a_s = 1.135\text{N/m}$，$b_s = 1.34\times10^{-4}$ N/(m·K)；p_{sat} 为超热液相温度下的饱和压力，其可由 Clausius-Clayperon 关系式[36]计算得到；T_1 和 p_1 为超热液相的温度和压力，并且假设 $T_1 = 0.85T_c$、$p_1 = 0.54\,p_{sat}(T_1)$[4]。

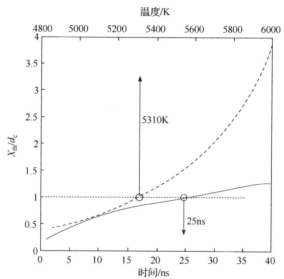

图 3-2　工质热吸收深度与气泡临界直径之比 X_{th}/d_c 随时间(实线)和温度(虚线)的变化

由动力学理论可知，气泡的均匀成核速率可表示为[4]

$$I_n = 1.5\times10^{38}\exp(-\Delta G \cdot T / k_B T)\exp(-\tau_{hn} / \tau) \tag{3-22}$$

其中，ΔG 为形成稳定气化核心所需的能量，$\Delta G = \frac{16\pi}{3}\sigma_s^2 / (\rho_v L_v \beta_s)^2$，$\beta_s = T / T_b - 1$，$\rho_v$ 为超热液相/气相的密度，可表示为 $\rho_v = \frac{m_a}{k_B T}p_b\exp\left(\frac{\beta_s m_a L_v}{k_B T}\right)$；$\tau_{hn}$ 为相对时间常数[4,41]。

单位时间内单位面积上的气化核心数为 $I_n \cdot (d(t) - s(t))$，这里 $d(t) - s(t)$ 为

超热液相的深度。假定气泡在达到临界尺寸 R_c 后，马上破裂并逸出工质表面，可获得相爆炸导致的工质烧蚀速率，即

$$\dot{m}_{\exp}(t) = I_{\mathrm{n}} \cdot (d(t) - s(t)) \cdot \frac{4\pi}{3} R_c^3 \cdot \rho_v \tag{3-23}$$

工质的烧蚀速率由蒸发气化和相爆炸作用共同贡献。因此，工质的烧蚀速率为蒸发气化和相爆炸导致的烧蚀速率之和。由此，可获得工质表面的烧蚀退移速率和工质表面坐标位置，即

$$\begin{cases} \upsilon_{\mathrm{s}}(t) = \left(\dot{m}_{\mathrm{vap}}(t) + \dot{m}_{\exp}(t) \right) / \rho(T_{\mathrm{s}}) \\ s(t) = \int_0^t \upsilon_{\mathrm{s}}(t) \mathrm{d}t \end{cases} \tag{3-24}$$

3.2.5　随温度变化的热物性参数

1. 密度

不同温度条件下的工质密度 ρ 可由式(3-25)获得[2,42]，即

$$\rho(T) = \begin{cases} 2852.5 - 0.5116T, & T \leqslant T_{\mathrm{m}} \\ \rho_{\mathrm{c}}[1 + 0.75(1 - T/T_{\mathrm{c}}) + 6.5(1 - T/T_{\mathrm{c}})^{1/3}], & T > T_{\mathrm{m}} \end{cases} \tag{3-25}$$

其中，ρ_{c} 为铝工质的临界密度。

2. 电导率和热导率

当工质温度达到介电转变温度($0.8T_{\mathrm{c}}$)时，工质内发生介电转变，在介电层内工质的电导率和热导率急剧下降[43]。因此，工质的电导率和热导率随温度的变化以 $0.8T_{\mathrm{c}}$ 为分界点。

当工质温度低于 $0.8T_{\mathrm{c}}$ 时，电导率 σ 可通过电阻率 η 计算得到，即

$$\sigma(T) = 1/\eta(T) \tag{3-26}$$

式(3-26)中的工质电阻率 $\eta(T)$ 可由实验数据拟合获得[44]，即

$$\eta(T) = \begin{cases} (-0.3937 + 1.1035 \times 10^{-2}T) \times 10^{-8}, & T < T_{\mathrm{m}} \\ (12.4729 + 1.3605 \times 10^{-2}T) \times 10^{-8}, & T_{\mathrm{m}} \leqslant T < 0.8T_{\mathrm{c}} \end{cases} \tag{3-27}$$

当工质温度超过 $0.8T_{\mathrm{c}}$ 时，假设电导率 σ 为定值[18,45]，即

$$\sigma(T) = 2.5 \times 10^4 \text{ S/m} \tag{3-28}$$

热导率 K 可由参考文献[36]和[44]和维德曼-弗兰兹定律获得，即

$$K(T) = \begin{cases} 226.67 + 0.033T, & T \leqslant 400K \\ 226.6 - 0.055T, & 400K < T < T_{\mathrm{m}} \\ 2.45 \times 10^{-8}\sigma(T)T, & T \geqslant T_{\mathrm{m}} \end{cases} \tag{3-29}$$

3. 比热容

工质比热容 C_{p} 随温度的变化关系可由式(3-30)表示[36]，即

$$C_{\mathrm{p}}(T) = \begin{cases} 762 + 0.467T, & T < T_{\mathrm{m}} \\ 921, & T \geqslant T_{\mathrm{m}} \end{cases} \tag{3-30}$$

4. 折射率和消光系数

当工质温度低于相变温度 T_{m} 时，可以认为工质的折射率和消光系数为常值[2]。当工质温度高于相变温度 T_{m}，可将工质折射率 n_{R} 和消光系数 χ 以 $0.8T_{\mathrm{c}}$ 为分界点分别计算，即

$$n_{\mathrm{R}} = \begin{cases} n_{\mathrm{L}} = \sqrt{0.5\left(A_{\mathrm{L}} + \sqrt{A_{\mathrm{L}}^2 + B_{\mathrm{L}}^2}\right)}, & T_{\mathrm{m}} \leqslant T < 0.8T_{\mathrm{c}} \\ n_{\mathrm{d}} = \sqrt{0.5\left(A_{\mathrm{d}} + \sqrt{A_{\mathrm{d}}^2 + B_{\mathrm{d}}^2}\right)}, & T \geqslant 0.8T_{\mathrm{c}} \end{cases} \tag{3-31}$$

$$\chi = \begin{cases} \chi_{\mathrm{L}} = \sqrt{0.5\left(-A_{\mathrm{L}} + \sqrt{A_{\mathrm{L}}^2 + B_{\mathrm{L}}^2}\right)}, & T_{\mathrm{m}} \leqslant T < 0.8T_{\mathrm{c}} \\ \chi_{\mathrm{d}} = \sqrt{0.5\left(-A_{\mathrm{d}} + \sqrt{A_{\mathrm{d}}^2 + B_{\mathrm{d}}^2}\right)}, & T \geqslant 0.8T_{\mathrm{c}} \end{cases} \tag{3-32}$$

其中

$$\begin{cases} A_{\mathrm{L}} = 1 - c^2\mu_0 c\sigma / \left(\gamma^2 + \omega_{\mathrm{l}}^2\right) \\ B_{\mathrm{L}} = (1 - A_{\mathrm{L}})\gamma / \omega_{\mathrm{l}} \end{cases}$$

$$\begin{cases} A_{\mathrm{d}} = 1 - \sigma\gamma / \left[\varepsilon_0\left(\gamma^2 + \omega_{\mathrm{l}}^2\right)\right] \\ B_{\mathrm{d}} = (1 - A_{\mathrm{d}})\gamma / \omega_{\mathrm{l}} \end{cases}$$

其中，下标 L 和 d 为液相和介电层；c 为真空中光速；μ_0 为真空磁导率；ε_0 为真空介电常数；ω_{l} 为激光频率；γ 为电子碰撞频率，可由 Drude 模型[7]计算得到。

5. 反射率和吸收系数

工质的表面反射率 R 可由复折射率 $n = n_{\mathrm{R}} + \mathrm{i}\chi$ 计算得到，即

$$R(T_\mathrm{s}) = \begin{cases} \dfrac{(n_\mathrm{L}-1)^2 + \chi_\mathrm{L}^2}{(n_\mathrm{L}+1)^2 + \chi_\mathrm{L}^2}, & T_\mathrm{s} < 0.8T_\mathrm{c} \\[4mm] \dfrac{(n_\mathrm{d}-1)^2 + \chi_\mathrm{d}^2}{(n_\mathrm{d}+1)^2 + \chi_\mathrm{d}^2}, & T_\mathrm{s} \geqslant 0.8T_\mathrm{c} \end{cases} \tag{3-33}$$

介电层与液相交界面处的反射率可表示为

$$R_\mathrm{d}(0.8T_\mathrm{c}) = \frac{(n_\mathrm{d}-n_\mathrm{L})^2 + \chi_\mathrm{L}^2}{(n_\mathrm{d}+n_\mathrm{L})^2 + \chi_\mathrm{L}^2} \tag{3-34}$$

工质吸收系数可由式(3-35)计算得到，即

$$\alpha = \frac{4\pi\chi}{\lambda_1} \tag{3-35}$$

其中，λ_1 为激光波长。

利用式(3-25)~式(3-35)，在每一时间步内计算铝工质的热物性参数。铝工质烧蚀计算涉及的物性参数如表 3-1 所示。

表 3-1　铝工质烧蚀计算涉及的物性参数

参数	符号	数值或计算公式
熔融温度/K	T_m	933.47[36]
蒸发温度/K	T_b	2792.15[36]
熔融潜热/(J/kg)	L_m	3.999×10^{5}[36]
蒸发潜热/(J/kg)	L_v	1.09×10^{7}[36]
临界温度/K	T_c	6063[46]
临界密度/(kg/m³)	ρ_c	430[46]
质量密度/(kg/m³)	ρ	式(3-25)
电导率/(S/m)	σ	式(3-26)~式(3-28)
热导率/(W/(m·K))	K	式(3-29)
比热容/(J/(kg·K))	C_p	式(3-30)
折射率	n	式(3-31)
消光系数	χ	式(3-32)
反射率	R	式(3-33)和式(3-34)
吸收系数/(1/m)	α	式(3-35)

3.3　烧蚀羽流膨胀和电离模型

3.3.1　数学模型

如图 3-1 所示，激光对工质的烧蚀作用总是伴随着烧蚀羽流从工质表面逸出，并向激光入射相反方向运动。由于逆韧致吸收作用，烧蚀羽流吸收部分激光能量，因此到达工质表面的激光强度降低[32]。

烧蚀羽流的运动可由流体动力学方程描述，即

$$\frac{\partial Q}{\partial t} + \frac{\partial F}{\partial z} + \frac{\partial G}{\partial r} + H = S \tag{3-36}$$

其中

$$Q = \begin{bmatrix} \rho_1 \\ \vdots \\ \rho_s \\ \vdots \\ \rho_5 \\ \rho u \\ \rho v \\ E \end{bmatrix}, \quad F = \begin{bmatrix} \rho_1 u \\ \vdots \\ \rho_s \\ \vdots \\ \rho_5 u \\ \rho u^2 + p \\ \rho u v \\ (E+p)u \end{bmatrix}, \quad G = \begin{bmatrix} \rho_1 v \\ \vdots \\ \rho_s \\ \vdots \\ \rho_5 v \\ \rho u v \\ \rho v^2 + p \\ (E+p)v \end{bmatrix}$$

$$H = \frac{1}{r}\begin{bmatrix} \rho_1 v \\ \vdots \\ \rho_s \\ \vdots \\ \rho_5 v \\ \rho u v \\ \rho v^2 \\ (E+p)v \end{bmatrix}, \quad S = \begin{bmatrix} \dot{\omega}_1 \\ \vdots \\ \rho_s \\ \vdots \\ \dot{\omega}_5 \\ 0 \\ 0 \\ S_{\text{plume}} \end{bmatrix}$$

其中，ρ_s 表示组分 s 的质量密度；ρu 和 ρv 分别为横向和纵向动量；$\dfrac{\rho u^2}{2}$ 和 $\dfrac{\rho v^2}{2}$ 分别为横向和纵向的动能密度；$\dot{\omega}_s$ 为组分 s 的质量源；$s=1,2,\cdots,5$，分别代表 Al, Al$^+$, Al^{2+}, Al^{3+}, e。

单位体积总能 E 为内能和动能之和，即

$$E = \frac{3}{2}\rho\bar{R}T + \sum_{s\neq e}\frac{\rho_s R_s g_1^{(s)}\Theta_{el,1}^{(s)}\exp\left(-\Theta_{el,1}^{(s)}/T_e\right)}{\sum_{i=0}^{j^s}g_i^{(s)}\exp\left(-\Theta_{el,i}^{(s)}/T_e\right)} + \frac{1}{2}\rho\left(u^2+v^2\right) \tag{3-37}$$

其中，$\bar{R}=R_0/\bar{M}$，$\bar{M}=\left[\sum(c_s/M_s)\right]^{-1}$，$c_s$ 和 M_s 分别为组分 s 的质量分数和摩尔质量。

压强 p 可由状态方程获得，即

$$p = \sum_{s=1}^{4}\rho_s R_s T + \rho_e R_e T_e \tag{3-38}$$

烧蚀羽流内瞬时激光能量沉积为

$$S_p(r,x,t) = I_0(r,t)\beta(t)\exp\left(-\int_{-\delta_p}^{z}\beta(t)\mathrm{d}z\right) \tag{3-39}$$

其中，δ_p 为烧蚀羽流长度。

3.3.2　电离反应

计算模型考虑烧蚀羽流对激光能量的逆韧致吸收作用，同时假设烧蚀羽流内为局部热力学平衡状态。假设烧蚀羽流为无黏、中性流体，且为电中性，包含五种组分(Al, Al$^+$, Al^{2+}, Al^{3+}, 和 e$^-$)。表 3-2 为计算模型中涉及的铝的电离反应。

表 3-2　铝的电离反应

电离反应	电离能/eV
Al + e$^-$ ↔ Al$^+$ + e$^-$ + e$^-$	5.98577
Al$^+$ + e$^-$ ↔ Al^{2+} + e$^-$ + e$^-$	18.82856
Al^{2+} + e$^-$ ↔ Al^{3+} + e$^-$ + e$^-$	28.44765

式(3-36)中，各组分 s 的质量源项可由式(3-40)获得，即

$$\begin{cases} \dot{\omega}_{Al} = M_{Al}(-\Omega_1)/N_A \\ \dot{\omega}_{Al^+} = M_{Al^+}(\Omega_1-\Omega_2)/N_A \\ \dot{\omega}_{Al^{2+}} = M_{Al^{2+}}(\Omega_2-\Omega_3)/N_A \\ \dot{\omega}_{Al^{3+}} = M_{Al^{3+}}\Omega_3/N_A \\ \dot{\omega}_{e^-} = M_{e^-}(\Omega_1+\Omega_2+\Omega_3)/N_A \end{cases} \tag{3-40}$$

其中

$$\begin{cases} \Omega_1 = k_f^{(1)} n_{\mathrm{Al}} n_e - k_{\mathrm{bac}}^{(1)} n_{\mathrm{Al}^+} n_e^2 \\ \Omega_2 = k_f^{(2)} n_{\mathrm{Al}^+} n_e - k_{\mathrm{bac}}^{(2)} n_{\mathrm{Al}^{2+}} n_e^2 \\ \Omega_3 = k_f^{(3)} n_{\mathrm{Al}^{2+}} n_e - k_{\mathrm{bac}}^{(3)} n_{\mathrm{Al}^{3+}} n_e^2 \end{cases} \tag{3-41}$$

其中，N_A 为阿伏伽德罗常数(N_A=6.02×10²³)；k_f 和 k_{bac} 为向前和向后反应速率；n_s 为组分 s 的数密度，可由平衡状态关系式计算获得[23]，即

$$\begin{cases} n_{\mathrm{Al}^+} n_e / n_{\mathrm{Al}} = K_{\mathrm{eq}}^{(1)} \\ n_{\mathrm{Al}^{2+}} n_e / n_{\mathrm{Al}^+} = K_{\mathrm{eq}}^{(2)} \\ n_{\mathrm{Al}^{3+}} n_e / n_{\mathrm{Al}^{2+}} = K_{\mathrm{eq}}^{(3)} \\ n_{\mathrm{Al}} + n_{\mathrm{Al}^+} + n_{\mathrm{Al}^{2+}} + n_{\mathrm{Al}^{3+}} + n_e = n_T \\ n_{\mathrm{Al}^+} + 2n_{\mathrm{Al}^{2+}} + 3n_{\mathrm{Al}^{3+}} = n_e \end{cases} \tag{3-42}$$

其中，$K_{\mathrm{eq}}^{(i)}$ 为平衡常数，i=1,2,3。

向前反应速率可估算为

$$k_f = \frac{2\sigma_{\mathrm{ref}}}{\pi^{1/2} Z_i} \left(\frac{T}{T_{\mathrm{ref}}} \right)^{1-w} \left(\frac{2k_B T_{\mathrm{ref}}}{m_r} \right)^{1/2} \exp\left(-\frac{\mathrm{IP}}{k_B T} \right) \tag{3-43}$$

其中，σ_{ref} 为参考碰撞截面，且 $\sigma_{\mathrm{ref}} = \pi d_{\mathrm{ref}}^2$，$d_{\mathrm{ref}}$ 为参考直径(d_{ref}=2×10⁻¹⁰m)；Z_i 为总碰撞数与非弹性碰撞数的比值(Z_i=3×10⁴)；w 为黏性系数(w=0.75)；k_B 为玻尔兹曼常数(k_B=1.38×10⁻²³J/K)；T_{ref} 为参考温度(T_{ref}=300K)；m_r 为碰撞对的折合质量，$m_r = m_{\mathrm{ref}} \cdot m_e / (m_{\mathrm{ref}} + m_e)$，$m_{\mathrm{ref}}$ 为粒子参考质量(m_{ref}=4.48×10⁻²⁶kg)，m_e 为电子质量(m_e=9.11×10⁻³¹kg)；IP 为电离能。

向后反应速率为

$$k_{\mathrm{bac}}^{(i)} = \frac{k_f^{(i)}}{K_{\mathrm{eq}}^{(i)}} \tag{3-44}$$

其中，平衡常数 $K_{\mathrm{eq}}^{(i)}$ 可由式(3-45)计算得到，即

$$\begin{cases} K_{\mathrm{eq}}^{(1)} = \frac{k_f^{(1)}}{k_{\mathrm{bac}}^{(1)}} = \frac{Q^{\mathrm{Al}^+} Q^e}{V Q^{\mathrm{Al}}} \exp\left(-\frac{\mathrm{IP}_1}{k_B T} \right) \\ K_{\mathrm{eq}}^{(2)} = \frac{k_f^{(2)}}{k_{\mathrm{bac}}^{(2)}} = \frac{Q^{\mathrm{Al}^{2+}} Q^e}{V Q^{\mathrm{Al}^+}} \exp\left(-\frac{\mathrm{IP}_2}{k_B T} \right) \\ K_{\mathrm{eq}}^{(3)} = \frac{k_f^{(3)}}{k_{\mathrm{bac}}^{(3)}} = \frac{Q^{\mathrm{Al}^{3+}} Q^e}{V Q^{\mathrm{Al}^{2+}}} \exp\left(-\frac{\mathrm{IP}_3}{k_B T} \right) \end{cases} \tag{3-45}$$

其中，V 为单位体积粒子数。

此外，假设电子温度等于离子和中性粒子温度，组分 s 的分配函数 Q_s 可表示为

$$\begin{cases} Q_s = V(2\pi m_s k_B T / h^2)^{3/2} \sum_{i=0}^{j_s} g_{s,i} \exp(-\Theta_{el,s,i} / T) \\ Q_e = 2V(2\pi m_e k_B T / h^2)^{3/2} \end{cases} \tag{3-46}$$

其中，m_s 表示组分 s 的质量，$s = 1,2,3,4$，分别表示 Al, Al$^+$, Al^{2+}, Al^{3+}；h 为普朗克常量($h = 6.626 \times 10^{-34}$J·s)；$\Theta_{el,s,i}$ 和 $g_{s,i}$ 为组分 s 对应电子能级 i 的特征温度和简并度。

铝等离子体的电子能级与简并度如表 3-3 所示。

表 3-3 铝等离子体的电子能级与简并度

组分	能级	特征温度 $\Theta_{el,s,i}$ /K	简并度 $g_{s,i}$
Al	1	0	2
	2	161.24	4
	3	36472.19	2
	4	41756.67	2
	5	41823.65	4
Al$^+$	1	0	1
	2	53803.80	1
	3	53891.40	3
	4	54069.65	5
	5	86119.42	3
Al^{2+}	1	0	2
	2	77242.89	2
	3	77579.11	4
	4	166846.19	6
	5	166849.49	4
Al^{3+}	1	0	1
	2	887272.32	5
	3	889905.03	3
	4	892187.37	1
	5	898888.77	3
e$^-$	—	0	2

3.3.3　烧蚀羽流的吸收与屏蔽

对于短脉宽激光烧蚀过程，可以认为逆韧致辐射吸收是烧蚀羽流对激光能量的主要吸收机制[35,47]。逆韧致吸收系数为电子与中性原子，电子与离子碰撞过程吸收系数之和[23,48]，即

$$\beta = \beta^{IB} = \beta_{e\text{-}Al}^{IB} + \beta_{e\text{-}i}^{IB}$$

$$\beta_{e\text{-}Al}^{IB} = \left(1 - \exp\left(-\frac{h\nu_l}{k_B T}\right)\right) n_e n_{Al} Q_{e\text{-}Al} \qquad (3\text{-}47)$$

$$\beta_{e\text{-}s}^{IB} = \left(1 - \exp\left(-\frac{h\nu_l}{k_B T_e}\right)\right) \frac{4e^6 \lambda_l^3}{3hc^4 m_e} \sqrt{\frac{2\pi}{3 m_e k_B T_e}} n_e \left(n_{Al^+} + 4 n_{Al^{2+}} + 9 n_{Al^{3+}}\right)$$

其中，$Q_{e\text{-}Al}$ 为电子与中性原子碰撞的平均截面($Q_{e\text{-}Al} = 10^{-36} \text{cm}^5$)[23]。

3.4　数值计算方法

计算初始时刻，工质与环境温度相同(300K)，电子、离子和原子速度均为0。工质烧蚀表面为烧蚀羽流场的入口，烧蚀羽流场出口为出流边界条件，假设壁面为无滑移边界条件。

在数值计算中，铝工质是直径为 6mm、厚度为 5μm 的薄圆片；烧蚀羽流场计算长度为 10mm。热传导方程采用显式有限差分法数值计算求解，流体动力学方程利用 AUSM⁺(advection upstream splitting method-up)方法[49,50]数值计算求解。该数值计算方法在时间和空间上都具有二阶计算精度。烧蚀羽流由工质的烧蚀作用产生，而到达工质表面的激光强度又受烧蚀羽流的屏蔽和吸收作用影响。因此，在计算过程中，每一时间步交替计算传热方程和流动方程，并耦合计算结果，进行下一步迭代计算。

3.5　数值模型验证

3.5.1　数值计算误差分析

数值模拟精度由计算的空间分辨率和时间分辨率决定。因此，本节开展网格分布和时间步长对数值计算精度影响的研究。图 3-3 所示为不同网格分布条件下工质内和羽流中的温度特性，分别采用三种不同的网格数用于数值模拟计算，并对比这三种不同网格数条件下的温度特性。由图可知，网格数为

100×200 和 200×200 时，计算获得的温度变化曲线较为一致，表明当网格数达到 100×200 后，网格数对计算结果的影响变得微弱。不同时间步长条件下计算获得的温度特性如图 3-4 所示。由图可知，时间步长对温度特性的影响十分微弱，只是时间步长较小时会获得更多的温度特性细节。

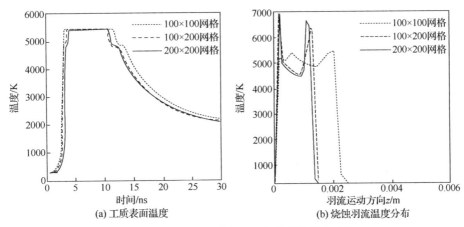

(a) 工质表面温度　　　　　　　　　　(b) 烧蚀羽流温度分布

图 3-3　不同网格数条件下计算获得的温度特性

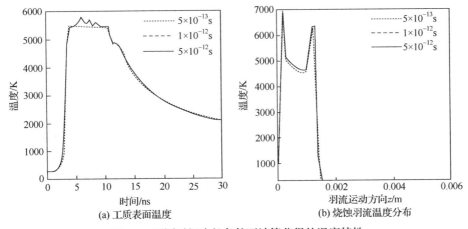

(a) 工质表面温度　　　　　　　　　　(b) 烧蚀羽流温度分布

图 3-4　不同时间步长条件下计算获得的温度特性

　　为了验证数值计算结果的可靠性，需要对数值计算误差累积进行评估。一维相对误差积累可由式(3-48)计算得到[51,52]，即

$$S_1 \approx (1/N_1)^{k_1+1} \tag{3-48}$$

其中，N_1 为方向上的网格数；k_1 为数值程序的精度阶数。

　　两方向上误差积累总和可由式(3-49)计算得到，即

$$S_{err} \approx \sum_{1}^{2} S_i \tag{3-49}$$

为保证数值计算精度，允许的最大总误差 S^{max} 应满足下式[51,52]，即

$$S_{err} \cdot \sqrt{N_n} \leqslant S^{max} \tag{3-50}$$

其中，N_n 为时间步数量。

不同网格分布和时间步长的数值计算误差估计如表 3-4 所示。它允许的最大误差为 5%。由表 3-4 可知，随着网格数和时间步长的增加，累积误差减小。然而，网格数增加会导致计算时间增加，时间步长增加会失去部分主要信息的计算捕获。结合图 3-3 和图 3-4 的结果，本章数值模型选取工质网格数为 100×200，烧蚀羽流计算网格数为 100×200，时间步长为 $1×10^{-12}$s。

表 3-4　数值计算误差估计

轴向网格数	径向网格数	网格数	时间步长/s	计算时长/ns	时间步数	累积误差/%
50+100	200	150×200	$1×10^{-12}$	30	$3×10^4$	1.203
100+100	200	200×200	$1×10^{-12}$	30	$3×10^4$	0.866
200+100	200	300×200	$1×10^{-12}$	30	$3×10^4$	0.625
100+50	200	150×200	$1×10^{-12}$	30	$3×10^4$	1.203
100+200	200	300×200	$1×10^{-12}$	30	$3×10^4$	0.625
100+100	200	200×200	$5×10^{-13}$	30	$6×10^4$	1.225
100+100	200	200×200	$5×10^{-12}$	30	$6×10^3$	0.387

注：轴向网络数(50+100)表示工质网格数为 50，羽流网格数为 100。

3.5.2　对比实验结果

为了验证本章数值仿真模型，将该数值模型计算的烧蚀深度和烧蚀羽流分别与实验结果对比，如图 3-5 所示。图 3-5 的计算条件与实验设置相同，激光波长为 1064nm，激光脉宽(FWHM)5ns，烧蚀光斑直径为 160μm。此外，计算环境也与实验条件相同，均为大气环境。总之，所有计算条件皆与实验条件一致[5,9]。图 3-5(a)为不同激光能量条件下，烧蚀深度的计算结果与实验结果对比。由图可知，数值仿真计算结果无论在不同激光能量条件下的烧蚀深度和烧蚀深度随激光能量的变化趋势上都与实验结果较为一致。在较低激光能量密度时，工质烧蚀深度几乎为零；当激光能量密度增大到 5J/cm² 时，工质烧蚀深度突然增加；工质烧蚀深度由蒸发和相爆炸共同贡献，随着激光能量的增加，相爆炸导致的烧蚀深度逐渐增加。这表明，在较低激光能量密度条件下，

蒸发为工质烧蚀的主要作用机制;在较高激光能量密度条件下,相爆炸为工质烧蚀的主要作用机制。在数值计算结果中,激光烧蚀能量阈值为 $5J/cm^2$,与实验中获得的铝工质激光烧蚀能量阈值 $5.2J/cm^2$ 相近,验证了本章数值仿真模型对铝工质激光烧蚀过程仿真的可靠性。

图 3-5(b)为不同时刻烧蚀羽流的密度场分布的计算结果与实验观测图像的对比。在实验观测图像中,烧蚀产物(蒸气和微粒)在激波之后产生,且随着到工质表面距离的增加,烧蚀羽流的密度逐渐减小。激波是烧蚀产物迅速膨胀到环境气体中引起的。然而,所建模型旨在描述烧蚀羽流的运动状态,因此在模型中没有考虑环境气体的动力学影响。图 3-5(b)中的数值仿真烧蚀羽流密度场中没有激波。在烧蚀羽流密度的分布和位置上,数值计算结果都与实验图像吻合得很好。图 3-5 分别比较了激光对工质的烧蚀深度和烧蚀羽流密度场,数值计算结果都与实验结果具有较好的一致性。因此,利用本章数值计算模型仿真铝工质的激光烧蚀过程是可靠的。

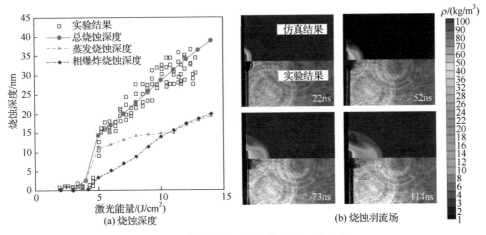

图 3-5　数值计算结果与实验结果的对比

3.6　计算结果与讨论

3.6.1　工质烧蚀特性

1. 工质温度特性

图 3-6 所示为不同激光能量密度条件下,铝工质表面温度随时间的变化。激光参数如下:激光波长为 1064nm,脉宽为 5ns。由此可知,随着激光能量

密度的增加，工质表面温度上升越来越快，工质表面温度达到相变温度 T_m 和 $0.9T_c$ 所需的时间越来越短。同时，随着激光能量密度的增加，工质表面温度下降也越快。这是由于在较高激光能量密度条件下，烧蚀羽流对激光能量的吸收和屏蔽作用增强，从而阻止更多的激光能量到达工质表面。此外，工质表面温度在达到相变温度 T_m 后迅速上升，这是因为在工质表面温度达到相变温度 T_m 后，工质表面由固相转变为液相。因此，工质表面反射率随工质表面温度上升而减小，即更多激光能量能够通过工质表面液相区，进而沉积在工质固相。工质表面最高温度随激光能量密度增加而上升，并且在激光能量密度为 $5J/cm^2$ 时，工质表面最高温度达到 $0.9T_c$。然而，工质表面最高温度在激光能量密度超过 $5J/cm^2$ 后，不再随之继续增加。这是由于当激光能量密度达到 $5J/cm^2$ 后，工质材料烧蚀量急剧增加。在工质表面温度达到 $0.9T_c$ 时，相爆炸发生，导致部分液滴和固体颗粒从工质表面剥离。此外，随着激光能量密度增加，相爆炸持续时间不断增加，即相爆炸导致的工质材料烧蚀随激光能量密度增加不断增强。

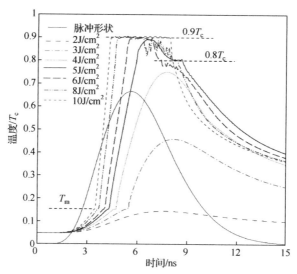

图 3-6 不同激光能量密度条件下，铝工质表面温度随时间的变化

在本章数值计算模型中，假设工质表面温度达到 $0.8T_c$ 时发生介电转变，形成介电层。在介电层中，铝工质失去金属特性，吸收系数、热导率和反射率显著降低。因此，在介电层中铝工质透明，表明更多入射激光能量能够通过介电层并在工质内沉积。当温度高于 $0.8T_c$ 时，在介电层内发生均匀成核现象，且成核速率在温度达到 $0.9T_c$ 时迅速增加，进而发生相爆炸，致使蒸气、小液

滴和固体颗粒的混合物从工质表面剥离。因此，当激光能量密度达到 $5J/cm^2$ 后，工质表面温度维持在 $0.9T_c$ 且烧蚀深度迅速增加。

图 3-7 给出的是激光能量密度为 $10J/cm^2$ 时，工质表面温度、烧蚀质量流率和介电层厚度随时间的变化。在 4.5ns 时，工质表面温度达到蒸发温度 T_b，工质表面开始烧蚀。随后，烧蚀质量流率急剧增加达到最大值 $12500kg/(m^2 \cdot s)$，此时的工质表面温度达到 $0.9T_c$。随后，相爆炸发生，介电层厚度逐渐增加到最大值 86nm。介电层厚度不会直接影响工质表面温度和烧蚀质量流率，无论介电层厚度增加还是减少，工质表面温度和烧蚀质量流率始终保持在最大值。烧蚀产物在工质表面会形成一个屏蔽层，屏蔽部分激光能量到达工质表面。在 6ns 时，介电层厚度出现一个凹谷，导致烧蚀质量流率稍有降低。在 8.2ns 时，介电层厚度降为 0，同时工质表面温度和烧蚀质量流率开始降低。工质烧蚀质量流率由工质表面温度决定。当工质表面温度下降到蒸发温度 T_b 时，烧蚀质量流率降为 0。

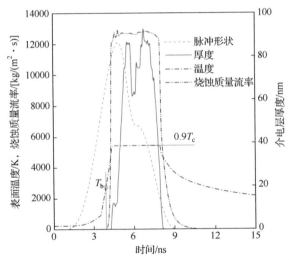

图 3-7   工质表面温度、烧蚀质量流率和介电层厚度随时间的变化

2. 烧蚀羽流屏蔽特性

烧蚀羽流伴随着工质烧蚀过程产生，并向与激光入射的相反方向膨胀运动。部分激光能量沉积在烧蚀羽流中，进而导致到达工质表面的激光强度降低。考虑烧蚀羽流屏蔽效应时激光强度和工质表面温度随时间的变化如图 3-8 所示，其中激光能量密度为 $10J/cm^2$，激光波长为 1064nm，激光脉宽为 5ns。由于激光屏蔽作用，激光强度和温度显著降低。当温度达到 $0.9T_c$ 时，烧蚀羽

流屏蔽作用开始，由于蒸发和相爆炸作用，工质材料烧蚀显著增加。烧蚀羽流阻止部分激光能量到达工质表面。工质受激光能量辐照而温度升高，因此当到达工质表面的激光强度降低到某一值后，工质表面温度开始降低。因此，若考虑羽流对激光能量的屏蔽作用，则到达工质表面的激光强度会提前降低。具体地，不考虑烧蚀羽流屏蔽作用的工质表面温度在 13ns 时开始下降，考虑烧蚀羽流屏蔽作用的工质表面温度在 8ns 时开始下降。工质表面温度特性表明，烧蚀羽流屏蔽作用会阻止工质材料进一步烧蚀。

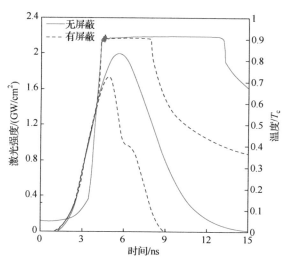

图 3-8　考虑烧蚀羽流屏蔽效应时激光强度和工质表面温度随时间的变化

　　烧蚀羽流对激光能量屏蔽的比例分数随激光能量密度的变化如图 3-9 所示。该屏蔽比例由不考虑烧蚀羽流屏蔽影响与考虑烧蚀羽流屏蔽影响的激光强度之差在整个激光脉冲时间上积分，再与不考虑烧蚀羽流屏蔽影响的激光强度在整个激光脉冲时间上积分之比计算获得。随着激光能量密度增加，烧蚀羽流吸收和屏蔽作用增强，烧蚀羽流屏蔽能量的比例增加。这是由于烧蚀羽流伴随着激光烧蚀工质材料产生，激光能量密度越高，会有越多烧蚀产物从工质表面剥离，因此对激光能量形成更严重的屏蔽效应。当激光能量密度为 $5J/cm^2$ 时，相爆炸发生，致使更多材料从工质表面剥离，因此烧蚀羽流屏蔽比例显著增加。此外，烧蚀羽流屏蔽比例的增长速率随激光能量密度增加而逐渐降低。

3. 环境压强影响

　　为研究环境压强对工质烧蚀特性的影响，需要计算获得不同环境压强条件下的工质烧蚀深度。如图 3-10 所示，激光能量密度为 $10J/cm^2$，激光波长为

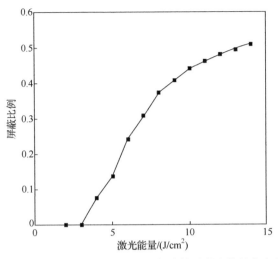

图 3-9　烧蚀羽流对激光能量屏蔽比例分数随激光能量密度的变化

1064nm,脉宽为 5ns。对于较低环境气压条件,环境压强从 10^{-3}Pa 变化到 10^2Pa,工质烧蚀深度几乎相同, 没有变化。这是由于在较低压强环境下, 烧蚀羽流密度较低, 对激光能量的屏蔽作用较弱。因此, 在较低环境压强条件下, 烧蚀羽流吸收和屏蔽作用可忽略。环境压强从 10^{-3}Pa 变化到 10^2Pa, 工质烧蚀深度维持在 72.5nm。观察可知, 当环境压强较大时, 从 10^2Pa 变化到 10^5Pa, 工质烧蚀深度显著降低。环境压强从 10^2Pa 变化到 10^5Pa, 工质烧蚀深度从 72.5nm 降低到 28.5nm。

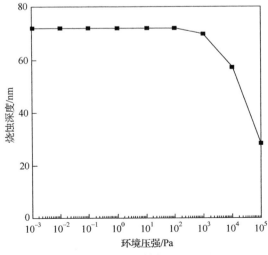

图 3-10　工质烧蚀深度随着环境压强的变化

为了更加直观地获得环境压强对烧蚀羽流屏蔽作用的影响，需要计算获得不同环境压强条件下到达工质表面的激光强度变化。如图 3-11 所示，环境压强从 10^2Pa 变化到 10^5Pa，激光强度随着环境压强增大迅速降低，同时激光强度的降低导致工质温度降低。由式(3-47)可知，烧蚀羽流对激光能量的逆韧致吸收系数随烧蚀羽流组分数密度的增大而增大。同时，烧蚀羽流组分数密度随着环境压强的增大而增大。因此，烧蚀羽流逆韧致吸收系数随着环境压强增大而增大。这表明，随着环境压强增大，更多激光能量被烧蚀羽流吸收，从而阻止部分激光能量到达工质表面。

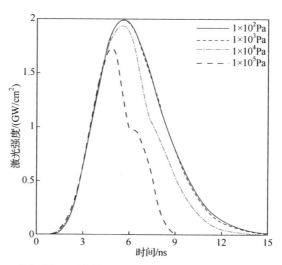

图 3-11　不同环境压强条件下到达工质表面的激光强度随时间的变化

3.6.2　烧蚀羽流运动和电离特性

1. 轴线上烧蚀羽流的变化特性

为描述烧蚀羽流在整个区域内的运动和电离特性，需要计算获得不同时刻的烧蚀羽流特性，选取的时刻分别为 3.5ns(烧蚀羽流产生)、10.5ns(相爆炸结束)、20ns(工质烧蚀结束)、60.5ns(烧蚀羽流到达阴极内壁面)、100ns 和 200ns。

图 3-12(a)所示为不同时刻沿推力器轴线上烧蚀羽流速度的空间分布。图 3-12(b)所示为烧蚀羽流峰值速度随时间的变化。由图 3-12(a)可知，烧蚀羽流的峰值速度总是处于烧蚀羽流前端位置。在 3.5ns 时，由于激光烧蚀工质的作用，烧蚀羽流产生，烧蚀羽流峰值速度为 2400m/s。此后，工质表面发生相爆炸，更多烧蚀产物从工质表面剥离，并将部分热量带入烧蚀羽流。因此，由于相爆炸和烧蚀羽流对激光能量的吸收作用，烧蚀羽流速度迅速增大。在

10.5ns 时，烧蚀羽流峰值速度增大到 4000m/s。当工质烧蚀结束时(20ns)，烧蚀羽流峰值速度约为 4600m/s。在工质烧蚀结束后，烧蚀羽流峰值速度继续增大，但是增长速率逐渐降低。这是由于激光脉冲结束，烧蚀羽流不再吸收激光能量，并且工质烧蚀结束，不再有热量从工质注入烧蚀羽流。

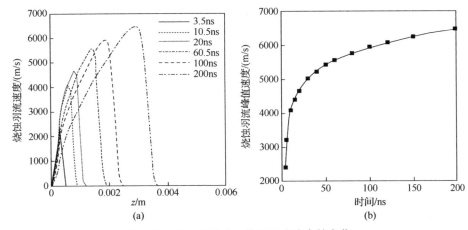

图 3-12　推力器轴线上烧蚀羽流速度的变化

图 3-13(a)所示为不同时刻沿推力器轴线上烧蚀羽流温度的空间分布。图 3-13(b)所示为烧蚀羽流峰值温度随时间的变化。在烧蚀羽流温度曲线中有两个峰值，靠近工质表面的峰值温度为 T_1，位于烧蚀羽流前部位置的峰值温度为 T_2。峰值温度 T_1 是高温烧蚀产物从工质表面剥离进入烧蚀羽流造成的。峰值温度 T_2 是由于烧蚀羽流对激光能量的吸收作用，进而导致烧蚀羽流温度增加。在 3.5ns 时，由于高温烧蚀产物的注入，仅峰值温度 T_1 存在。然而，此后 T_1 和 T_2 同时出现。在 10.5ns 时，峰值温度 T_1 上升到 5700K，200ns 时下降为 2000K。由图 3-13(b)可知，峰值温度 T_1 与工质温度的变化趋势一致。由于烧蚀羽流和工质之间相互的热传导作用，激光脉冲结束后的峰值温度 T_1 逐渐降低。然而，烧蚀羽流膨胀进入真空环境，烧蚀羽流与环境气体之间的热传导可忽略不计。因此，T_2 在激光脉冲时间内(3.5~20ns)迅速上升，并在激光脉冲结束后几乎保持恒定。由于烧蚀羽流中高温区域内的电离作用，峰值温度 T_2 在激光脉冲结束后稍有升高。因此，在 200ns 时，温度曲线中仅有 T_2 存在。巧合的是，峰值温度 T_1 与峰值温度 T_2 在 15ns 时相同，因此在 15ns 之前，峰值温度 T_1 大于峰值温度 T_2；在 15ns 之后，峰值温度 T_1 小于峰值温度 T_2。

图 3-14(a)所示为不同时刻沿推力器轴线上烧蚀羽流内电子数密度分数(η)的空间分布。图 3-14(b)所示为烧蚀羽流中电离区域面积与整个阴极管区域面

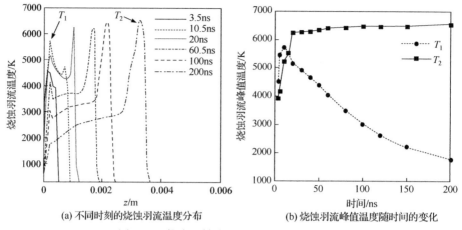

(a) 不同时刻的烧蚀羽流温度分布　　　　(b) 烧蚀羽流峰值温度随时间的变化

图 3-13　推力器轴线上烧蚀羽流温度的变化

积之比(ψ)随时间的变化。由图 3-14(a)可知，电离区域主要分布在烧蚀羽流前部位置，与烧蚀羽流速度和温度分布空间位置一致。在激光脉冲时间内，电子数密度分数(η)不断增加。在 20ns 时，η 达到 0.5，表明在该区域烧蚀羽流全部电离。此后，η 保持在 0.5，但是全部电离区域面积逐渐增加。然而，由烧蚀羽流中的电离平衡关系式 $\eta_{Al}+\eta_{Al^+}+\eta_{Al^{2+}}+\eta_{Al^{3+}}+\eta_e=1$ 和 $\eta_{Al^+}+2\eta_{Al^{2+}}+3\eta_{Al^{3+}}=\eta_e$ 可知，烧蚀羽流中仅一级电离发生。从图 3-14(b)还可观察到，在激光脉冲时间内 ψ 迅速增加，从 3.5ns 时的 1% 增加到 20ns 时的 3%。此后，ψ 增长速度逐渐降低，在 200ns 时接近 6%。

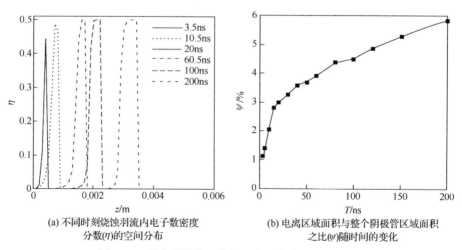

(a) 不同时刻烧蚀羽流内电子数密度　　　　(b) 电离区域面积与整个阴极管区域面积
　　分数(η)的空间分布　　　　　　　　　　之比(ψ)随时间的变化

图 3-14　推力器轴线上烧蚀羽流电离率的变化特性

2. 烧蚀羽流的二维运动特性

烧蚀羽流在推力器阴极管内的径向运动对推力器的推进性能有显著影响，尤其是当烧蚀羽流到达阴极管内壁面时。图 3-15 所示为不同时刻阴极管内烧蚀羽流速度的二维分布云图。环境气体压强为 $5.0×10^{-3}$Pa。在 3.5ns 时，烧蚀羽流由工质烧蚀产生，而后烧蚀羽流以"蘑菇状"均匀膨胀运动到环境中。在 3.5ns 后，烧蚀羽流速度持续增加，且峰值烧蚀羽流速度位于烧蚀羽流前部位置，这与图 3-12 的结果一致。由图 3-15 可知，在工质烧蚀结束后，在推力器轴线上的烧蚀羽流速度增长变得缓慢。然而，在 100～200ns，阴极管内壁面附近的烧蚀羽流速度显著增大。这是由于烧蚀羽流与阴极管内壁面的碰撞作用，将烧蚀羽流径向速度转换成轴向速度。由此可知，阴极管不仅会限制

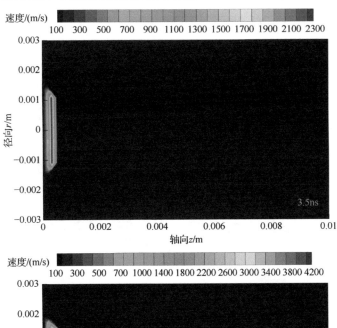

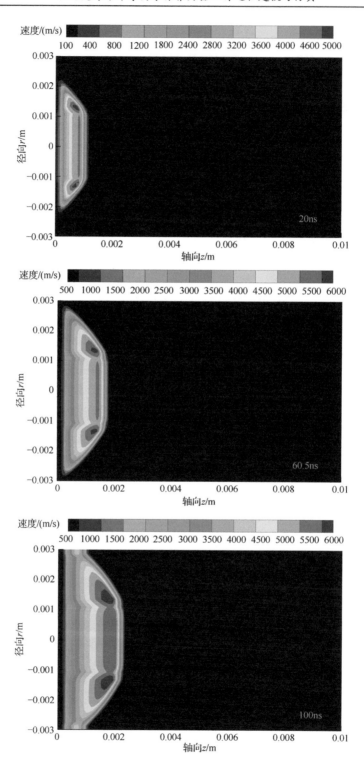

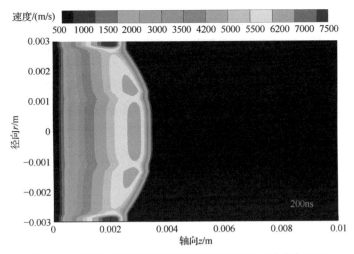

图 3-15　不同时刻阴极管内烧蚀羽流速度的二维分布云图

烧蚀羽流的径向膨胀运动，而且会增加阴极管内壁面附近的烧蚀羽流速度。

图 3-16 所示为阴极管内不同时刻烧蚀羽流温度的二维分布云图。在 3.5ns 时，烧蚀羽流开始膨胀进入阴极管内，烧蚀羽流最高温度为 6500K，存在于烧蚀羽流前部的两侧位置。烧蚀羽流最高温度明显高于工质温度，且存在于激光束两侧。这可能是烧蚀羽流与环境气体在径向上的碰撞造成的。激光束方向上的烧蚀羽流，不断吸收激光能量并加速膨胀运动。但是，原本静止的环境气体会阻止烧蚀羽流径向上的膨胀运动。在激光束外侧，烧蚀羽流与周围环境气体在径向上碰撞，因此在此区域形成高温区域。在 10.5ns 时，由于高温烧蚀产

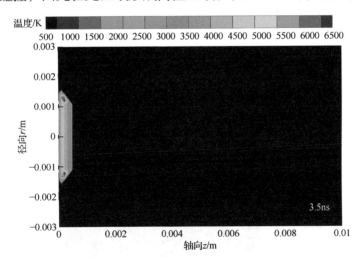

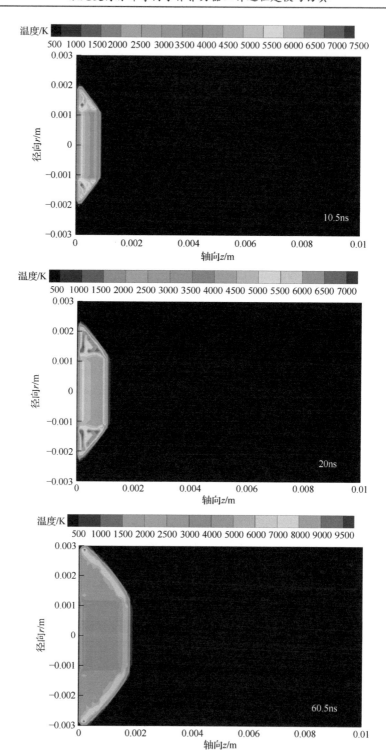

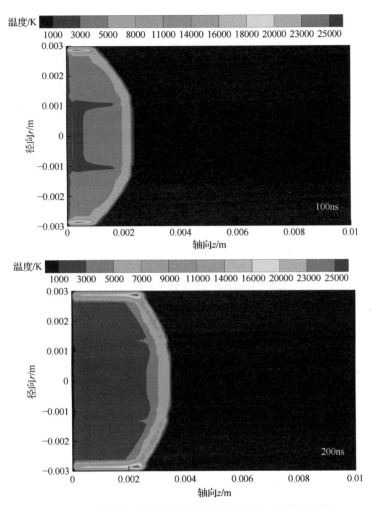

图 3-16　阴极管内不同时刻烧蚀羽流温度的二维分布云图

物从工质表面剥离进入烧蚀羽流，以及烧蚀羽流对激光能量的吸收作用，烧蚀羽流最高温度上升至约 7500K。在 20ns 时，工质温度降到蒸发温度 T_b，工质不再产生烧蚀羽流且激光脉冲已经结束。因此，在 20ns 时最大烧蚀羽流温度降为 7000K 且分布在烧蚀羽流前部位置。在 60.5ns 时，烧蚀羽流到达阴极管内壁面，由于烧蚀羽流与阴极管内壁面的碰撞作用，阴极管内壁面附近的烧蚀羽流温度上升至 9500K。此后，在 100ns 时，阴极管内壁面附近的烧蚀羽流温度上升至 25000K。由此可知，烧蚀羽流与阴极管内壁的碰撞作用会显著增加烧蚀羽流的温度。

图 3-17 所示为阴极管内不同时刻烧蚀羽流电子数密度分数 η 的二维分布

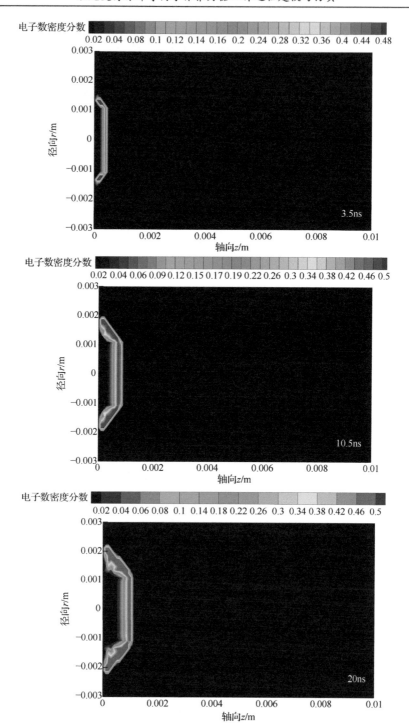

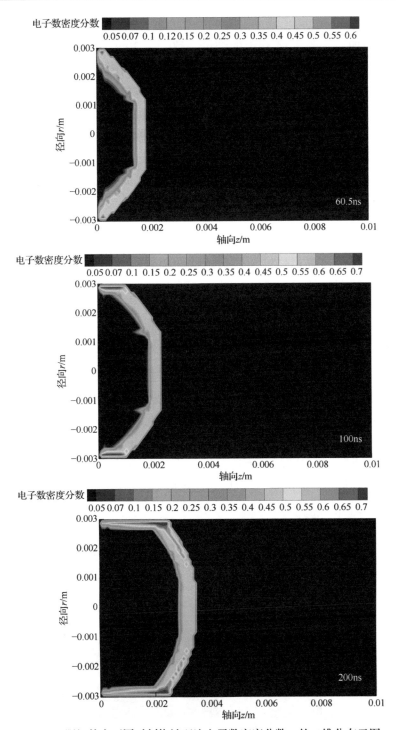

图 3-17　阴极管内不同时刻烧蚀羽流电子数密度分数 η 的二维分布云图

云图。由图可知，电离区域主要集中在烧蚀羽流前部位置，且电离区域面积随时间不断增加，与图 3-14 获得的结论一致。在 20ns 时，激光脉冲结束，电子数密度分数 η 在烧蚀羽流前部位置达到 0.5，表明在此区域内烧蚀羽流全部电离。然而，在 60.5ns 时，在阴极管内壁面附近的烧蚀羽流电子数密度分数 η 超过 0.5，表明在此区域内发生烧蚀羽流的二级电离。烧蚀羽流与阴极管内壁面的碰撞作用，导致阴极管内壁面附近位置烧蚀羽流温度迅速上升，此高温区域内发生二级电离反应。在 100ns 时，峰值 η 超过 0.7，表明在该区域发生三级电离反应。由此可知，阴极管可增强阴极管内壁面附近烧蚀羽流的电离作用，这有助于提升推力器的性能。

3. 环境压强对烧蚀羽流场的影响

为研究环境压强对烧蚀羽流运动特性的影响，需要计算获得不同环境压强条件下烧蚀羽流的运动特性云图，如图 3-18～图 3-20 所示。激光能量密度为 10J/cm^2，激光波长为 1064nm，脉宽为 5ns。

如图 3-18 所示，随着环境压强的增大，烧蚀羽流运动速度减慢。环境压强从 10^{-2} 变化到 10^4Pa，最大烧蚀羽流速度从 10000m/s 降到 4000m/s。这是由于环境气体压强增大，烧蚀羽流在膨胀运动过程中收到的环境气体阻力增大，因此烧蚀羽流运动速度随着环境气体压强增大而降低。环境压强为 10^{-2}Pa 时，最大烧蚀羽流速度位置位于阴极管内壁面附近的烧蚀羽流前部位置；环境压强为 10^0Pa 时，最大烧蚀羽流速度位于烧蚀羽流中部和两侧位置；环境压强为 10^2 和 10^4Pa 时，最大烧蚀羽流速度仅位于烧蚀羽流中前部位置。这是由于环境气体压强较低时，烧蚀羽流膨胀运动速度较快，烧蚀羽流与阴极管内壁面充

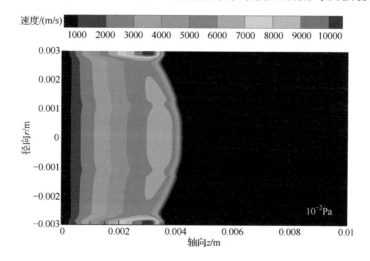

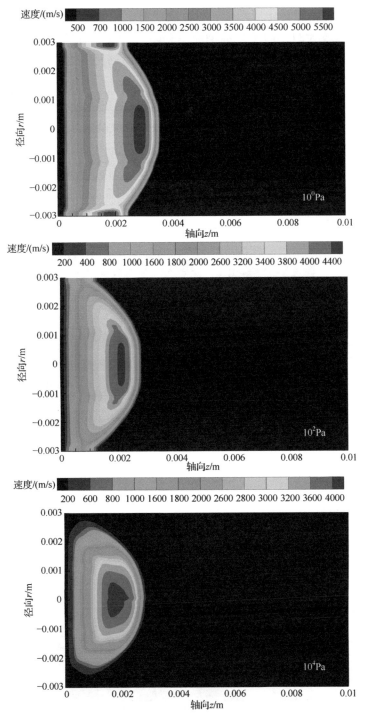

图 3-18　不同环境压强下 1μs 时烧蚀羽流速度分布云图

分碰撞,产生的热能转化成动能,同时烧蚀羽流径向速度转换成轴向速度。当环境气体压强较大时,由于烧蚀羽流运动阻力较大,烧蚀羽流运动速度较慢,烧蚀羽流还没有到达阴极管内壁面或者碰撞不充分,因此最大烧蚀羽流速度仅位于烧蚀羽流的中前部位置。

如图 3-19 所示,烧蚀羽流温度随着环境压强的变化呈现出先降低后升高的变化趋势。环境压强从 10^{-2} 增加到 10^{2}Pa,最大烧蚀羽流温度从 32000K 降低到 9000K,并且最大烧蚀羽流温度位于烧蚀羽流两侧阴极管内壁面附近;当环境气体压强为 10^{4}Pa 时,最大烧蚀羽流温度又升高到 13000K,最大烧蚀羽流温度位于烧蚀羽流中前部位置。由图 3-10 和图 3-13 可知,环境气体压强低

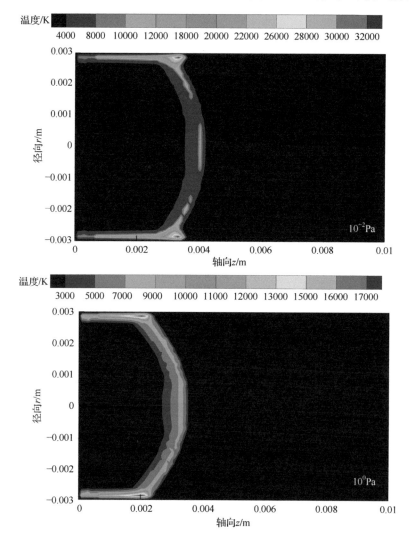

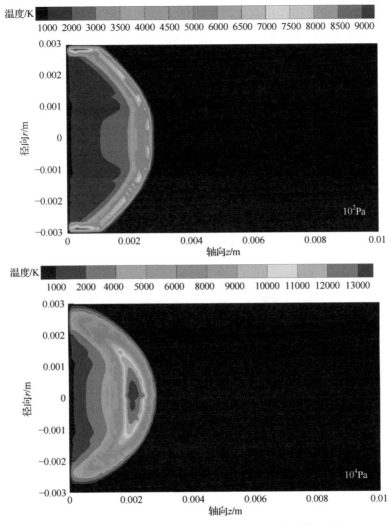

图 3-19 不同环境压强下 1μs 时烧蚀羽流温度分布云图

于 10^2Pa 时，烧蚀羽流对激光能量的吸收作用十分微弱，达到工质表面的激光能量几乎没有变化，因此工质烧蚀深度也几乎没有变化。烧蚀羽流为近似自由膨胀的运动，而环境压强越低，烧蚀羽流自由膨胀的阻力越小，膨胀运动越充分，同一时间内与阴极管内壁面碰撞越充分，生成内能越多，温度越高。当环境气体压强高于 10^2Pa 时，烧蚀羽流对激光能量的吸收作用增强，随着环境气体压强增大，烧蚀羽流吸收更多激光能量，转化为烧蚀羽流内能，因此烧蚀羽流温度上升。对比图 3-18 和图 3-19 可知，环境气体压强为 10^2Pa 时，烧蚀羽流最大速度位于烧蚀羽流中部，而最高温度位于烧蚀羽流两侧，表明烧蚀羽流与阴极管内壁面的碰撞作用首先产生内能，然后转换成动能。

如图 3-20 所示，烧蚀羽流电子数密度分数在不同环境压强条件下的变化和分布与烧蚀羽流温度一致。环境压强为 10^{-2}Pa 和 10^{0}Pa，最大烧蚀羽流电子数密度分数超过 0.5，表明该部分区域已经完全电离。当环境压强为 10^{2}Pa 和 10^{4}Pa 时，最大烧蚀羽流电子数密度分数低于 0.5，表明烧蚀羽流场中没有完全电离。

4. 激光强度对烧蚀羽流运动特性和推力特性的影响

利用本章数值仿真模型，计算激光烧蚀固体工质产生的推力和冲量，开展激光强度对推进性能的影响研究。为研究激光强度对烧蚀羽流速度和温度的

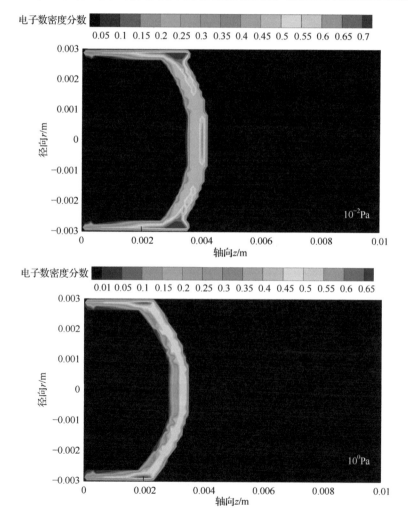

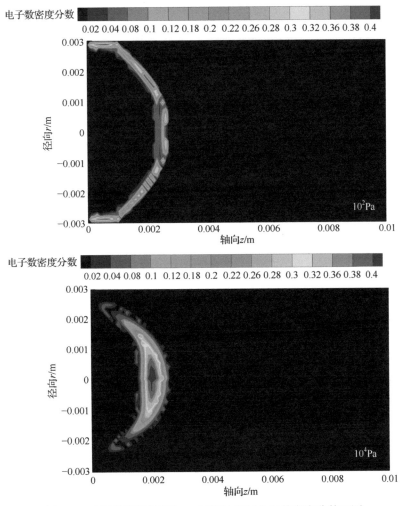

图 3-20 不同环境压强下 1μs 时烧蚀羽流电子数密度分数云图

影响，计算在 200ns 时烧蚀羽流的最大速度和最高温度，如图 3-21 所示。激光参数如下：波长为 1064nm、脉宽为 5ns，环境气体压强为 5.0×10^{-3}Pa。由图可知，烧蚀羽流速度和温度随激光强度线性增加。激光能量密度从 5J/cm² 增加到 30J/cm²，烧蚀羽流最大速度由 6300m/s 增加到 6700m/s；烧蚀羽流最高温度从 6500K 升高到 10200K。拟合获得的最大烧蚀羽流速度随激光能量密度变化的关系式为 $V = 16F + 6216$；最大烧蚀羽流温度随激光能量密度变化的关系式为 $T = 147F + 5816$，这里 F 代表激光能量密度。该图表明，激光能量密度较大时，烧蚀羽流膨胀运动更快。然而，随着激光能量密度的增加，烧蚀羽流温度增长速率大于烧蚀羽流速度的增长速率。这表明，烧蚀羽流吸收的激光能量更多地转换为烧蚀羽流内能，而不是烧蚀羽流动能。

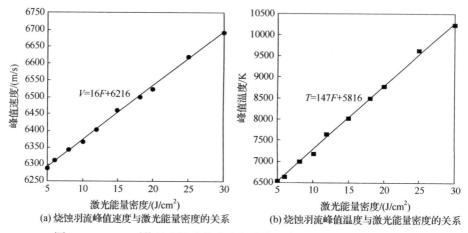

(a) 烧蚀羽流峰值速度与激光能量密度的关系   (b) 烧蚀羽流峰值温度与激光能量密度的关系

图 3-21   200ns 时烧蚀羽流峰值速度和峰值温度随激光能量密度的变化

为研究激光能量密度对推进性能的影响，计算不同激光能量密度条件下的冲量和工质烧蚀质量，结果如图 3-22 所示。由图可知，冲量和烧蚀质量皆随激光能量密度的增大而增加。当激光能量密度从 $5J/cm^2$ 增加到 $30J/cm^2$ 时，冲量由 $13\mu N \cdot s$ 增加到 $16\mu N \cdot s$，烧蚀质量由 $0.15\mu g$ 增加到 $0.9\mu g$。冲量随激光能量密度变化的关系式为 $I_b = 0.14F + 12.3$，烧蚀质量随激光能量密度变化的关系式为 $m_a = 0.031F - 0.012$。随着激光能量密度的增加，推力性能提高，但是冲量的增长速率远小于烧蚀质量的增长速率。这表明，随着激光能量密度的增大，更多的激光能量用于烧蚀工质材料，而不是沉积于烧蚀羽流中。

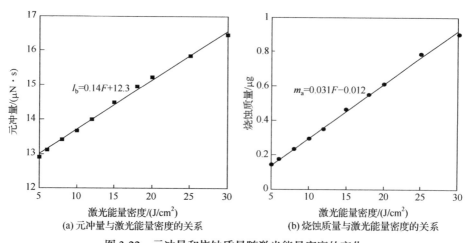

(a) 元冲量与激光能量密度的关系   (b) 烧蚀质量与激光能量密度的关系

图 3-22   元冲量和烧蚀质量随激光能量密度的变化

3.7　本　章　小　结

本章首先对短脉宽强激光烧蚀金属铝工质的物理过程进行了建模和仿真分析，建立了考虑材料热物性变化、相变、介电转变和相爆炸物理机制的铝工质激光烧蚀模型。同时，考虑等离子体的电离、烧蚀羽流的吸收和屏蔽作用，建立了二维流体动力学模型来计算烧蚀羽流运动过程。在每一时间步将烧蚀羽流运动和工质烧蚀过程耦合计算。然后，分别将工质烧蚀模型和烧蚀羽流运动模型的计算结果与实验结果进行对比验证，并分析数值模型的计算误差累积。最后，利用数值模型开展工质烧蚀特性、烧蚀羽流运动和电离特性的仿真分析。研究结论如下。

(1) 由于液相工质对激光的表面反射率低于固相工质，因此工质表面温度在达到相变温度 T_m 后迅速升高，并且在激光能量密度为 $5J/cm^2$ 时，工质表面温度达到 $0.9T_c$。然而，相爆炸使大量材料从工质表面剥离带走部分热量，因此工质表面温度维持在 $0.9T_c$ 不再继续增加。随着激光能量密度的增加，相爆炸持续时间不断增加，即相爆炸导致的工质材料烧蚀不断增加。工质烧蚀量增加致使烧蚀羽流的密度随之增大，同时随着激光能量密度的增大，烧蚀羽流的电离率增大，烧蚀羽流对激光能量的吸收和屏蔽作用增强。

(2) 烧蚀羽流的峰值速度、峰值温度和电离区域总是处于烧蚀羽流的前端位置。烧蚀羽流峰值速度随时间不断增加，但是在工质烧蚀结束后，烧蚀羽流峰值速度的增长速率逐渐降低；推力器轴线上烧蚀羽流的温度曲线中有两个峰值，靠近工质表面的温度峰值是高温烧蚀产物从工质表面剥离进入烧蚀羽流形成的，位于烧蚀羽流前部位置的温度峰值是烧蚀羽流对激光能量的吸收作用形成的。烧蚀羽流内组分的电离反应由烧蚀羽流温度决定，随着烧蚀羽流的膨胀运动，电离区域面积随时间不断增加，在烧蚀羽流前部位置几乎全部电离。

(3) 由于烧蚀羽流与阴极管内壁面的碰撞作用，在阴极管内壁面附近的烧蚀羽流温度急剧升高、速度急剧增大，并在此高温区域发生多级电离反应。这表明，阴极管对烧蚀羽流径向运动的限制会增大烧蚀羽流的速度和电离率，从而有助于提升推力器的推进性能。然而，阴极管内壁面的超高温度会造成阴极的严重烧蚀，缩短推力器寿命。

(4) 烧蚀羽流与阴极管内壁面碰撞后，首先是产生内能提升该区域烧蚀羽流的温度，进而部分内能转化为烧蚀羽流运动的动能，提高烧蚀羽流运动速度。随着环境气体压强增大，烧蚀羽流膨胀运动阻力增大，烧蚀羽流发展不充分，运动速度、温度和电离率都随之降低。

(5) 随着激光能量密度的增大，烧蚀羽流温度的增长速率大于烧蚀羽流速度的增长速率，表明烧蚀羽流吸收的激光能量更多地转换为烧蚀羽流的内能，而不是烧蚀羽流的动能。随着激光能量密度的增大，推力性能提高，但是元冲量的增长速率远小于烧蚀质量的增长速率，表明随着激光能量密度的增大，更多的激光能量用于烧蚀工质材料，而不是沉积于烧蚀羽流中。

参 考 文 献

[1] Porneala C, Willis D A. Effect of the dielectric transition on laser-induced phase explosion in metals[J]. International Journal of Heat and Mass Transfer, 2006, 49(11): 1928-1936.

[2] Gragossian A, Tavassoli S H, Shokri B. Laser ablation of aluminum from normal evaporation to phase explosion[J]. Journal of Applied Physics, 2009, 105(10): 853.

[3] Lu Q, Mao S S, Mao X, et al. Theory analysis of wavelength dependence of laser-induced phase explosion of silicon[J]. Journal of Applied Physics, 2008, 104(8): 1695.

[4] Porneala C, Willis D A. Time-resolved dynamics of nanosecond laser-induced phase explosion[J]. Journal of Physics D: Applied Physics, 2009, 42(15): 155503.

[5] Dömer H, Bostanjoglo O. Phase explosion in laser-pulsed metal films[J]. Applied Surface Science, 2003, 208(1): 442-446.

[6] Peterlongo A, Miotello A, Kelly R. Laser-pulse sputtering of aluminum: Vaporization, boiling, superheating, and gas-dynamic effects[J]. Physical Review E: Statistical Physics Plasmas Fluids and Related Interdisciplinary Topics, 1994, 50(6): 4716.

[7] Lutey A H. Modeling of thin-film single and multilayer nanosecond pulsed laser processing[J]. Journal of Manufacturing Science and Engineering, 2013, 135: 61003.

[8] Porneala C, Willis D A. Observation of nanosecond laser-induced phase explosion in aluminum[J]. Applied Physics Letters, 2006, 89(21): 3535.

[9] Zhao X T, Tang F, Han B, et al. The influence of laser ablation plume at different laser incidence angle on the impulse coupling coefficient with metal target[J]. Journal of Applied Physics, 2016, 120(21): 213103.

[10] Liu T, Gao X, Hao Z, et al. Characteristics of plasma plume expansion from al target induced by oblique incidence of 1064 and 355nm nanosecond Nd：YAG laser[J]. Journal of Physics D: Applied Physics, 2013, 46(48): 5207.

[11] Bogaerts A, Aghaei M, Autrique D, et al. Computer simulations of laser ablation, plume expansion and plasma formation[J]. Advanced Materials Research, 2011, 227: 1-10.

[12] Sakai T. Impulse generation on aluminum target irradiated with Nd:YAG laser pulse in ambient gas[J]. Journal of Propulsion and Power, 2009, 25(2): 406-414.

[13] Cowpe J S, Pilkington R D, Astin J S, et al. The effect of ambient pressure on laser-induced silicon plasma temperature, density and morphology[J]. Journal of Physics D: Applied Physics, 2009, 42(16): 165202-165209.

[14] Aden M, Beyer E, Herziger G, et al. Laser-induced vaporization of a metal surface[J]. Journal of Physics D: Applied Physics, 1992, 25(1): 57.

[15] Gnedovets A G, Gusarov A V, Smurov I. A model for nanoparticles synthesis by pulsed laser evaporation[J]. Journal of Physics D: Applied Physics, 1999, 32(17): 2162.

[16] Gusarov A V, Gnedovets A G, Smurov I. Two-dimensional gas-dynamic model of laser ablation in an ambient gas[J]. Applied Surface Science, 2000, 154: 66-72.

[17] Gusarov A V, Gnedovets A G, Smurov I, et al. Simulation of nanoscale particles elaboration in laser-produced erosive flow[J]. Applied Surface Science, 2000, 154: 331-336.

[18] Colonna G, Casavola A, Giacomo A D, et al. Ablation of titanium metallic targets: A comparison between theoretical and experimental results[C]//The 33rd American Institute of Aeronautics and Astronautics Plasmadynamics and Lasers Conference, 2002.

[19] Tillack M S, Blair D W, Harilal S S. The effect of ionization on cluster formation in laser ablation plumes[J]. Nanotechnology, 2004, 15(3): 390-403.

[20] Bogaerts A, Chen Z. Effect of laser parameters on laser ablation and laser-induced plasma formation: A numerical modeling investigation[J]. Spectrochimica Acta — Part B: Atomic Spectroscopy, 2005, 60(9): 1280-1307.

[21] Chen Z, Bleiner D, Bogaerts A. Effect of ambient pressure on laser ablation and plume expansion dynamics: A numerical simulation[J]. Journal of Applied Physics, 2006, 99(6): 2162.

[22] Tan X, Zhang D, Li X, et al. A new model for studying the plasma plume expansion property during nanosecond pulsed laser deposition[J]. Journal of Physics D: Applied Physics, 2008, 41: 35210.

[23] Zhang Y, Wu J J, Zhang D, et al. Investigation on plume expansion and ionization in a laser ablation plasma thruster[J]. Acta Astronautica, 2018, 151: 432-444.

[24] Bulgakova N M, Bulgakov A V. Pulsed laser ablation of solids: Transition from normal vaporizaiton to phase explosion[J]. Applied Physics A: Materials Science and Processing, 2001,73: 199-208.

[25] Lide D R. CRC Handbook of Chemistry and Physics[M]. 84th ed. New York: CRC Press, 2004.

[26] Wang M, Yang N, Guo Z Y. Non-Fourier heat conductions in nanomaterials[J]. Journal of Applied Physics, 2011, 110(6): 3154-U5.

[27] Carey V P. Liquid-Vapor Phase Phenomena[M]. Washington: Hemisphere, 1992.

[28] Lu Q M, Mao S S, Mao X, et al. Delayed phase explosion during high-power nanosecond laser ablation of silicon[J]. Applied Physics Letter, 2002, 80: 3072-3074.

[29] Porneala C, Willis A. Effect of the dielectric transition on laser-induced phase explosion in metals[J]. International Journal of Heat and Mass Transfer, 2006, 49: 1928-1936.

[30] Lu Q M, Mao S S, Mao X, et al. A thermal model of phase explosion for high power laser ablation[J]. Proceedings of the International Society for Optical Engineering, 2002: 959-964.

[31] Zhuang H Z, Zou X W, Jin Z Z, et al. Metal-nonmetal transition of fluid Cs along the liquid-

vapour coexistence curve[J]. Physica B Condensed Matter, 1998, 253(1-2): 68-72.

[32] Lutey A H A. An improved model for nanosecond pulsed laser ablation of metals[J]. Journal of Applied Physics, 2013, 114(8): 647-676.

[33] Brandt R, Neuer G. Electrical resistivity and thermal conductivity of pure aluminum and aluminum alloys up to and above the melting temperature[J]. International Journal of Thermophysics, 2007, 28(5): 1429-1446.

[34] Wu B, Shin Y C. Absorption coefficient of aluminum near the critical point and the consequences on high-power nanosecond laser ablation[J]. Applied Physics Letters, 2006, 89(11): 14307.

[35] Morel V, Bultel A, Chéron B G. The critical temperature of aluminum[J]. International Journal of Thermophysics, 2009, 30(6): 1853-1863.

[36] Ghalamdaran S, Parvin P, Torkamany M J, et al. Two-dimensional simulation of laser ablation with 235 nanosecond pulses[J]. Journal of Laser Applications, 2014, 26(1): 12009.

[37] Leon J. Radziemski Laser-Induced-Plasmas and Applications[M]. Berlin: Springer, 1989.

[38] Chang C H, Liou M S. A robust and accurate approach to computing compressible multiphase flow: Stratified flow model and AUSM+-Up scheme[J]. Journal of Computational Physics, 2007, 225: 840-873.

[39] Liou M S. A sequel to AUSM—Part II: AUSM + -up for all speeds[J]. Journal of Computational Physics, 2006, 214(1): 137-170.

[40] Smirnov N N, Betelin V B, Nikitin V F, et al. Accumulation of errors in numerical simulations of chemically reacting gas dynamics[J]. Acta Astronautica, 2015, 117: 338-355.

[41] Smirnov N N, Betelin V B, Shagaliev R M, et al. Hydrogen fuel rocket engines simulation using LOGOS code[J]. International Journal of Hydrogen Energy, 2014, 39(20): 10748-10756.

[42] Zhuang H Z, Zou X W, Jin Z Z, et al. Metal-nonmetal transition of fluid Cs along the liquid-vapour coexistence curve[J]. Physica B Condensed Matter, 1998, 253(1-2): 68-72.

[43] Lutey A H A. An improved model for nanosecond pulsed laser ablation of metals[J]. Journal of Applied Physics, 2013, 114(8): 647-676.

[44] Brandt R, Neuer G. Electrical resistivity and thermal conductivity of pure aluminum and aluminum alloys up to and above the melting temperature[J]. International Journal of Thermophysics, 2007, 28(5): 1429-1446.

[45] Wu B, Shin Y C. Absorption coefficient of aluminum near the critical point and the consequences on high-power nanosecond laser ablation[J]. Applied Physics Letters, 2006, 89(11): 111902.

[46] Morel V, Bultel A, Chéron B G. The critical temperature of aluminum[J]. International Journal of Thermophysics, 2009, 30(6): 1853-1863.

[47] Ghalamdaran S, Parvin P, Torkamany M J, et al. Two-dimensional simulation of laser ablation with 235 nanosecond pulses[J]. Journal of Laser Applications, 2014, 26(1): 12009.

[48] Radziemski L J, Loree T R, Cremers D A, et al. Time-resolved laser-induced breakdown spectrometry of aerosols[J]. Analytical Chemistry, 1983, 55(8): 1246-1252.

[49] Chang C H, Liou M S. A robust and accurate approach to computing compressible multiphase flow: Stratified flow model and AUSM+-Up scheme[J]. Journal of Computational Physics, 2007, 225: 840-873.

[50] Liou M S. A sequel to AUSM—Part II: AUSM + -up for all speeds[J]. Journal of Computational Physics, 2006, 214(1): 137-170.

[51] Smirnov N N, Betelin V B, Nikitin V F, et al. Accumulation of errors in numerical simulations of chemically reacting gas dynamics[J]. Acta Astronautica, 2015, 117: 338-355.

[52] Smirnov N N, Betelin V B, Shagaliev R M, et al. Hydrogen fuel rocket engines simulation using LOGOS code[J]. International Journal of Hydrogen Energy, 2014, 39(20): 10748-10756.

第 4 章　PTFE 工质激光烧蚀及羽流运动特性建模与仿真

4.1　引　　言

聚四氟乙烯(PTFE 或特氟龙)是重要的聚合物之一，在科学研究和工程中有着广泛的应用。已知聚四氟乙烯在约 600K[1]温度时会发生剧烈的可逆变化，从白色的原始物质转变为透明的、无定形的材料，其潜热为 $H_m=14Cal/g$[1]，即相变。一旦相变开始，长链$(C_2F_4)_n$就分解成单体 C_2F_4，同时吸收大量热量。单体 C_2F_4 具有非常高的蒸气压，因此一旦从较长的分子链中解放出来，就会从工质表面脱离出来[2]。已知 PTFE 聚合物链中的 C—F 是最强的键，这使得PTFE 在高温下具有稳定的物理和化学性质。因此，PTFE 常被用作推进和电力系统中的隔热材料。此外，PTFE 具有相对低的密度、低的电导率和较高的比热，因此聚四氟乙烯类聚合物也常作为耐烧蚀推进剂，并应用于 PPT[3-6]、激光烧蚀推力器[7-9]和其他航空航天推力器[10]。

为了测量 PTFE 的瞬态烧蚀过程，Arai[1]开展了关于强辐射和对流环境中的热传导和相变的研究，建立了 PTFE 的瞬态一维双层烧蚀模型，研究其表面退移的机理和熔融层内部温度和厚度的演变。Stechmann[2]进一步完善了用于模拟 PPT 工作过程的烧蚀模型，开发了用于捕获晶体层和熔融层交界面移动的体积分数方法。Arai 等的研究工作涉及时间尺度为几秒到几微秒，空间尺度为几毫米，热通量的数量级为 $10^2 \sim 10^5 W/cm^2$。然而，随着高功率脉冲激光技术的发展，热通量为 $10^6 \sim 10^{13} W/cm^2$，脉宽为几皮秒到纳秒量级，脉冲激光烧蚀工质的非傅里叶导热效应不可忽略。因此，Arai 的一维瞬态双层烧蚀模型在计算此类烧蚀的热传导和相变过程时可能是无效的，特别是在具有较高的温度梯度、极高的热通量和极短的瞬态持续时间的情况下；或者在接近绝对零度温度的情况下，热传播速度有限，并且热传导模式是传播式和非扩散式。关于非傅里叶或热弛豫行为的影响，可以简要地描述为，在工质上加载温度梯度后，热流传播的开始需要有一个有限的建立时间。换言之，热流传播不是瞬时开始，而是在热弛豫时间内逐渐增长。因此，引入热弛豫时间来表征非傅里叶导热定律，被称为广义非傅里叶导热定律[11-13]。

联合分析激光烧蚀过程中的热传导与相变[14]，并将其应用于科学研究和工程中[15-22]。在过去的几十年，许多研究者广泛开展了非傅里叶效应在热传导中的作用机制研究[23-28]。然而，对于非傅里叶热传导方程的解析解，仅限于有限的几何和边界条件下[29-34]。尤其是，当热传导过程中存在相变时，获得其解析解会变得极其困难。此外，激光烧蚀过程是一个复杂的过程，在超短激光脉冲烧蚀过程中很难通过实验获得表面温度分布等参数。因此，采用数值方法研究 PTFE 的短脉冲激光烧蚀过程是合理且有效的[35]。

在 PTFE 的激光烧蚀过程中，同样伴随着烧蚀羽流对激光能量的吸收和屏蔽作用，导致到达工质表面的激光强度发生动态变化，进而影响工质烧蚀[36]。烧蚀羽流吸收部分激光能量，使烧蚀羽流中的密度、温度、压力和组分发生变化，进而影响放电前推力器阴阳极间工质的分布和组分状态。然而，由于 PTFE 是聚合物工质，烧蚀羽流中往往包含多种组分，并且烧蚀羽流内各组分间的化学反应变化剧烈[37]。Kovitya[38]建立了包含 23 种组分的单温模型，用于计算 PTFE 等离子体的热力学和输运特性。Schmahl[39]利用双温局部热力学平衡分析了 PTFE 等离子体的热力学和输运特性。Sonoda 等[40]通过建立 PTFE 热化学模型，计算得到 500-580230K 各组分的热力学性质。

本章开展了短脉宽强激光辐照条件下，PTFE 工质的烧蚀特性及烧蚀羽流运动和电离过程研究。在考虑材料热物性变化、相变、非傅里叶效应的基础上，建立了热传导模型，计算 PTFE 工质的激光烧蚀特性。同时，基于局部热力学平衡假设，考虑 PTFE 组分间的化学反应、电离、烧蚀羽流吸收和屏蔽，建立了烧蚀羽流运动模型和热化学模型。在每一时间步将烧蚀羽流化学反应、烧蚀羽流运动和工质烧蚀过程耦合计算。进而，利用数值模型分别开展 PTFE 工质烧蚀特性、烧蚀羽流热化学特性和烧蚀羽流运动特性的仿真研究。

4.2　PTFE 工质烧蚀模型

4.2.1　双层烧蚀模型

具有初始强度 I_0 的入射激光束照射在 PTFE 工质表面，PTFE 工质内温度随着激光强度的增大而上升，并且当工质表面温度达到相变温度 T_m(600K)时发生相变。

下面在两个不同的烧蚀阶段中，分别描述 PTFE 工质热传导和相变的过程。第一烧蚀阶段，工质表面温度低于 T_m，在工质内部和边界位置都不存在相变。采用单层热传导模型求解热传导方程，得到 PTFE 工质内单层的温度分布。第二烧蚀阶段，工质表面温度升高到 T_m，出现相变现象。在这个阶段，采用双层热传导模型研究工质的瞬态热传导和相变过程，可以分为两个不同的层，即 PTFE 的固体层和熔融层。尤其是，在工质的固体层和熔融层之间形成明显的相变界面。如图 4-1 所示，PTFE 工质的初始长度标记为 δ，熔融相界面和烧蚀界面的位置分别标记为 θ 和 s。此外，熔融相界面和烧蚀界面的退移速率分别为 v_m 和 v。两个烧蚀层的温度分布，可以采用不同边界条件的热传导方程来求解。

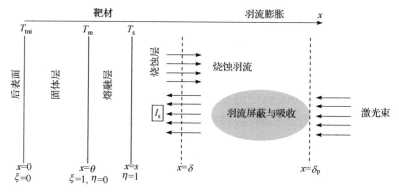

图 4-1　第二烧蚀阶段(发生相变)的物理模型和坐标系

在单层和双层热模型中，均考虑非傅里叶效应在热传导中的作用，以及激光束的反射和激光能量在工质内部的体吸收。此外，双层热模型中还考虑熔化和蒸发动力学，以计算在退移的烧蚀表面上蒸发损失造成的烧蚀深度和质量损失。

通过引入热弛豫时间考虑非傅里叶热传导的影响，因此非傅里叶热传导方程可以表示为

$$\tau_0 \frac{\partial q}{\partial t} + q = -\lambda \nabla T \tag{4-1}$$

其中，τ_0 为热松弛时间；q 为热通量；λ 为工质的热导率。

考虑热传导过程中的能量守恒，热传导方程可以表述为

$$\frac{\partial(\rho c T)}{\partial t} = -\nabla \cdot q + S \tag{4-2}$$

其中，S 为计算热源项。

对式(4-2)在时间上求微分，可得

$$\frac{\partial^2(\rho c T)}{\partial t^2} = -\frac{\partial}{\partial t}(\nabla \cdot q) + \frac{\partial S}{\partial t} \tag{4-3}$$

式(4-1)可转化为

$$\nabla \cdot q + \tau_0 \nabla \cdot \left(\frac{\partial q}{\partial t}\right) = -\nabla \cdot (\lambda \nabla T) \tag{4-4}$$

结合式(4-3)，式(4-4)可转化为

$$\nabla \cdot q = -\nabla \cdot (\lambda \nabla T) + \tau_0 \frac{\partial^2(\rho c T)}{\partial t^2} - \tau_0 \frac{\partial S}{\partial t} \tag{4-5}$$

结合式(4-5)，式(4-2)可转化为双曲型热传导方程，即

$$\frac{\partial(\rho c T)}{\partial t} + \tau_0 \frac{\partial^2(\rho c T)}{\partial t^2} - \tau_0 \frac{\partial S}{\partial t} = \nabla \cdot (\lambda \nabla T) + S \tag{4-6}$$

对于短脉宽激光辐照 PTFE 工质，光斑尺寸往往远大于工质对激光的吸收深度，因此可以建立一维非傅里叶热传导方程，即

$$\frac{\partial(\rho c T)}{\partial t} + \tau_0 \frac{\partial^2(\rho c T)}{\partial t^2} - \tau_0 \frac{\partial S}{\partial t} = \frac{\partial}{\partial x}\left(\lambda \frac{\partial T}{\partial x}\right) + S \tag{4-7}$$

热扩散率定义为

$$a = \frac{\lambda}{\rho c} \tag{4-8}$$

有限的热波速率可定义为

$$C_{\mathrm{h}} = \sqrt{a / \tau_0} \tag{4-9}$$

假设工质的特征长度为 δ_0，热传播和扩散的特征时间可分别定义为

$$\begin{cases} t_{\mathrm{W}} = \delta_0 / C_{\mathrm{h}} \\ t_{\mathrm{D}} = \delta_0^2 / a \end{cases} \tag{4-10}$$

为衡量非傅里叶效应的影响，定义无量纲数 N_{DW} 为

$$N_{\mathrm{DW}} = t_{\mathrm{D}} / t_{\mathrm{W}} = \delta C_{\mathrm{h}} / a = \delta / \sqrt{a \tau_0} \tag{4-11}$$

显然，对于傅里叶热传导，无量纲数 N_{DW} 为无穷大。然而，对于有限的热波传播速度，N_{DW} 是一个有限的正数。尤其是当 N_{DW} 减小到 1 时，特征时

间 t_D 和 t_W 相近，非傅里叶效应影响变得显著。

在相变过程中，相变界面的移动速度$|v_m|$通常小于热波速度 C_h，上游相变界面的热量可以在较深的位置传递，如图 4-2(a)所示。然而，若$|v_m| \geqslant C_h$，则相变界面可能波赶上热波。此后，相变界面后面的温度不会增加。在熔融界面的前面可能有强烈的温度变化间断，如图 4-2(b)所示。这种现象类似于超音速钝体前部激波的形成，温度间断也可以称为热冲击波。与激波的产生不同，这里的热冲击波是由强激光烧蚀具有小热波速度的聚合物的相变引起的。

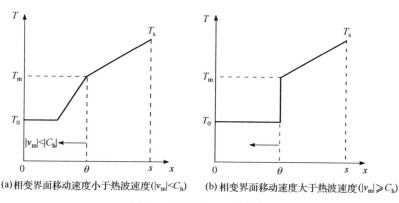

(a)相变界面移动速度小于热波速度($|v_m| < C_h$)　　(b)相变界面移动速度大于热波速度($|v_m| \geqslant C_h$)

图 4-2　相变界面温度分布

4.2.2　第一烧蚀阶段(无相变)

在第一烧蚀阶段，PTFE 工质内温度总是低于相变温度 T_m，即 PTFE 工质全部为晶体态。因此，可采用单层热传导模型描述，用式(4-7)计算 PTFE 工质内的温度分布。式(4-7)的热源项可表述为

$$S = Q_\tau = (1-R)\alpha I_0 \exp(-\alpha(\delta-x)) = \beta\alpha I_0 \exp(-\alpha(\delta-x)) \tag{4-12}$$

其中，Q_τ 为激光能量沉积的功率密度(W/m³)；I_0 为辐照在 PTFE 表面的初始激光功率密度(W/m²)；系数 $\beta = 1-R$，R 为工质表面反射率；α 为工质吸收系数，当 α 接近无限大时，热源项接近为面热源，即

$$\alpha = \frac{4\pi n_1}{\lambda_1} \tag{4-13}$$

其中，n_1 为 PTFE 工质折射率；λ_1 为激光波长。

PTFE 工质烧蚀表面($x=\delta$)采用热通量边界条件，即

$$-\lambda \frac{\partial T}{\partial x}\bigg|_{x=\delta} = -\beta I_0 \tag{4-14}$$

PTFE 工质后表面(x=0)采用绝热边界条件，即

$$-\lambda \frac{\partial T}{\partial x}\bigg|_{x=0} = 0 \tag{4-15}$$

计算初始条件为

$$T(0 \leqslant x \leqslant \delta, t=0) = T_0 \tag{4-16}$$

$$\frac{\partial T}{\partial t}\bigg|_{t=0} = 0 \tag{4-17}$$

4.2.3　第二烧蚀阶段(发生相变)

当工质表面温度在 t_m 时刻达到相变温度 T_m 时，工质开始发生相变，由固态晶体向熔融态转变，即第二烧蚀阶段。如图 4-1 所示，不断退移的熔融相界面形成，并将 PTFE 工质分为固体层和熔融层。此外，由于相变界面退移速率和热波传播速率，工质内的温度分布呈现出不同的形式，如图 4-2 所示。

无论是固体层还是熔融层内的温度分布，都可用式(4-7)描述，只是边界条件不同。在式(4-7)中，对于固体层和熔融层，热源项 S 具有不同的表达形式，即

$$S = \begin{cases} Q_\tau, & 0 \leqslant x \leqslant \theta^- \\ Q_\tau - Q_p, & \theta^+ \leqslant x \leqslant s \end{cases} \tag{4-18}$$

其中

$$Q_\tau = (1-R_s)\alpha I_s \exp(-\alpha(s-x)) \tag{4-19}$$

其中，Q_τ 为激光能量沉积的功率密度；I_s 为 PTFE 工质表面的激光强度；R_s 和 α 为工质表面反射率和工质吸收系数。

I_s 可由式(4-20)计算获得，即

$$I_s = I_0 \exp\left(-\int_{\delta_p}^{s} \beta \mathrm{d}x\right) \tag{4-20}$$

其中，I_0 为激光初始强度；β 为烧蚀羽流对激光的吸收系数。

Q_p 为解聚反应单位时间单位体积释放的能量，即

$$Q_p = A_p H_p \rho \exp(-B_p/T) \tag{4-21}$$

其中，A_p 为指前因子；B_p 为解聚反应温度，$B_p = E_a/R_0$，E_a 为活化能，R_0 为通用气体常数。

在式(4-19)中，烧蚀表面的初始位置为工质的初始长度，即 $s=\delta$。

PTFE 工质烧蚀表面($x=s$)采用热通量边界条件，即

$$-\lambda \frac{\partial T}{\partial x}\bigg|_{x=s} = -\beta I_0 - \dot{m}c_{\text{sur}}T_{\text{sur}} - H_{\text{p}}\rho_{\text{sur}}v \qquad (4\text{-}22)$$

其中，$\dot{m}$ 为工质烧蚀表面的质量流率；c_{sur} 为工质烧蚀表面热容；H_{p} 为单位质量解聚能量；v 为烧蚀表面退移速率。

PTFE 工质后表面($x=0$)采用绝热边界条件，即

$$-\lambda \frac{\partial T}{\partial x}\bigg|_{x=0} = 0 \qquad (4\text{-}23)$$

假设相变界面的移动速率小于热波的传播速率，即$|v_{\text{m}}| \leqslant C_{\text{h}}$，则由相界面能量守恒可得

$$q_{\theta^-} = q_{\theta^+} + \beta I(\theta) + \rho_{\text{m}}H_{\text{m}}\frac{\mathrm{d}\theta}{\mathrm{d}t} \qquad (4\text{-}24)$$

其中，ρ_{m} 为平均密度；H_{m} 为工质由固相向液相转变的潜热；θ 为相变界面的坐标位置。

也就是

$$\lambda_{\text{s}}\frac{\partial T}{\partial x}\bigg|_{\theta^-} - \lambda_{\text{g}}\frac{\partial T}{\partial x}\bigg|_{\theta^+} = \Phi + \tau_0\frac{\partial \Phi}{\partial t} \qquad (4\text{-}25)$$

其中

$$\Phi = q_{\theta^-} - q_{\theta^+} = \beta I(\theta) + \rho_{\text{m}}H_{\text{m}}\frac{\mathrm{d}\theta}{\mathrm{d}t} \qquad (4\text{-}26)$$

因此，相变界面移动速率可计算为

$$v_{\text{m}}(t > t_{\text{m}}) = \frac{\mathrm{d}\theta}{\mathrm{d}t} = \frac{1}{\rho_{\text{m}}H_{\text{m}}}(\Phi - \beta I(\theta)) \qquad (4\text{-}27)$$

其中，t_{m} 为工质从初始温度 T_0 加热到熔融温度 T_{m} 所需的时间。

在式(4-26)和式(4-27)中，激光功率密度 $I(\theta)$ 可表示为

$$I(\theta) = I_{\text{s}}\exp(-\alpha(s - \theta)) \qquad (4\text{-}28)$$

相变界面能量守恒方程可写为

$$\lambda_{\text{s}}\frac{\partial T}{\partial x}\bigg|_{\theta^-} = \lambda_{\text{g}}\frac{\partial T}{\partial x}\bigg|_{\theta^+} + \beta I(\theta) + \rho_{\text{m}}H_{\text{m}}\frac{\mathrm{d}\theta}{\mathrm{d}t} \qquad (4\text{-}29)$$

相变界面移动速率为

$$v_m(t > t_m) = \frac{\mathrm{d}\theta}{\mathrm{d}t} = \frac{1}{\rho_m H_m}\left(\lambda_s \frac{\partial T}{\partial x}\bigg|_{\theta^-} - \lambda_g \frac{\partial T}{\partial x}\bigg|_{\theta^+} - \beta I(\theta)\right) \tag{4-30}$$

假设 $|v_m| \leqslant C_h$，认为相变界面上的温度是连续的，可得

$$v_m(t > t_m) = \frac{\mathrm{d}\theta}{\mathrm{d}t} = \frac{1}{\rho_m H_m}\left(\lambda_s \frac{\partial T}{\partial x}\bigg|_{\theta^-} - \lambda_g \frac{\partial T}{\partial x}\bigg|_{\theta^+} - \beta I(\theta)\right) \tag{4-31}$$

考虑第一烧蚀阶段结束和第二烧蚀阶段开始时的温度是连续的，可以获得第二烧蚀阶段的初始条件，即

$$T\left(0 \leqslant x \leqslant s, t = t_m^+\right) = T\left(0 \leqslant x \leqslant s, t = t_m^-\right) \tag{4-32}$$

$$\frac{\partial T}{\partial t}\left(t = t_m^+\right) = \frac{\partial T}{\partial t}\left(t = t_m^-\right) \tag{4-33}$$

相变界面和烧蚀界面的初始移动速率分别由式(4-34)和式(4-35)表示，即

$$v_m(t = t_m) = \frac{\mathrm{d}\theta}{\mathrm{d}t} = -\frac{1}{\rho_m H_m}\left(\lambda_s \frac{\partial T}{\partial x}\bigg|_{x=s} + \beta I_s\right) \tag{4-34}$$

$$v(t = t_m) = \frac{\mathrm{d}s}{\mathrm{d}t} = 0 \tag{4-35}$$

进而可以获得任一时刻相变界面的坐标位置，即

$$\theta(t \geqslant t_m) = \delta + \int_{t_m}^{t} v_m \mathrm{d}t \tag{4-36}$$

此外，气态单体蒸气通过解聚脱离 PTFE 工质表面，进入真空环境。因此，PTFE 工质表面的烧蚀质量流率可通过对整个熔融层内的解聚速率积分计算得到，即

$$\dot{m}(t \geqslant t_m) = -\rho_0 \frac{\mathrm{d}s}{\mathrm{d}t} = \int_{\theta}^{s} A_p \rho \exp(-B_p / T) \mathrm{d}x \tag{4-37}$$

其中，ρ_0 为 PTFE 工质参考密度。

工质烧蚀表面退移速率和任一时刻的坐标位置分别为

$$v(t \geqslant t_m) = \frac{\mathrm{d}s}{\mathrm{d}t} = -\frac{\dot{m}}{\rho_0} \tag{4-38}$$

$$s(t \geqslant t_m) = \delta + \int_{t_m}^{t} v \mathrm{d}t \tag{4-39}$$

4.2.4　热源项

对于短脉宽强激光，激光光强可由式(4-40)计算获得[41,42]，即

$$I_0(t) = I_{\text{peak}} \left(\frac{t}{t_{\text{max}}} \right)^7 \exp\left(7\left(1 - \frac{t}{t_{\text{max}}}\right) \right) \tag{4-40}$$

其中，I_{peak} 为激光峰值强度；t_{max} 为激光峰值光强时刻。

激光器脉冲能量密度 $F(\text{J/cm}^2)$ 可由式(4-41)计算得到，即

$$F \times 10^4 = \int_0^{t_{\text{f}}} I_0(t)\mathrm{d}t \tag{4-41}$$

其中，t_{f} 为激光脉冲结束时刻。

由于烧蚀羽流对激光能量的吸收和屏蔽作用，到达工质表面的激光强度是动态变化的，因此工质表面激光强度为

$$I_s(t) = I_0(t)\exp\left(-\int_{-\delta_{\text{p}}}^{s(t)} \beta(t)\mathrm{d}x \right) \tag{4-42}$$

工质内热源项可计算为

$$S(x,t) = (1 - R_s)I_s(t)\alpha(t)\exp\left(-\int_{s(t)}^{x} \alpha(t)\mathrm{d}x \right) \tag{4-43}$$

4.2.5　随温度变化的热物性参数

在 PTFE 工质的激光烧蚀过程中，工质温度不断变化，导致工质的热物性参数也随之变化。激光能量密度较大导致工质的温度变化范围较大，因此为获得较为准确的工质烧蚀计算结果，需要根据工质温度实时计算其热物性参数。假设 PTFE 工质的热物性参数为温度的函数，且在工质各相内随温度线性变化。计算中涉及的 PTFE 工质物性参数如表 4-1 所示。

表 4-1　PTFE 工质物性参数

描述	符号	数值或计算公式
相变温度/K	T_{m}	600[1]
参考温度低值/K	T_{r}	298[2]
参考温度高值/K	T_{h}	889[2]
晶体态 PTFE 在相变温度 T_{m} 时的密度/(kg/m³)	ρ_{mc}	2174[2]
熔融态 PTFE 在相变温度 T_{m} 时的密度/(kg/m³)	ρ_{ma}	1740[2]

续表

描述	符号	数值或计算公式
PTFE 在参考温度低值 T_r 时的密度/(kg/m³)	ρ_r	1933[2]
PTFE 在参考温度高值 T_h 时的密度/(kg/m³)	ρ_h	1086[2]
参考密度/(kg/m³)	ρ_0	1933[43]
PTFE 密度/(kg/m³)	ρ	式(4-44)
晶体态 PTFE 在相变温度 T_m 时的热容/[J/(kg·K)]	c_{mc}	1220[2]
熔融态 PTFE 在相变温度 T_m 时的热容/[J/(kg·K)]	c_{ma}	1476[2]
PTFE 在参考温度低值 T_r 时的热容/[J/(kg·K)]	c_r	708.3[2]
PTFE 在参考温度高值 T_h 时的热容/[J/(kg·K)]	c_h	1537[2]
PTFE 热容/[J/(kg·K)]	c	式(4-45)
晶体态 PTFE 在相变温度 T_m 时的热导率/[W/(m·K)]	λ_{mc}	0.3619[2]
熔融态 PTFE 在相变温度 T_m 时的热导率/[W/(m·K)]	λ_{ma}	0.2453[2]
PTFE 在参考温度低值 T_r 时的热导率/[W/(m·K)]	λ_r	0.2485[2]
PTFE 在参考温度高值 T_h 时的热导率/[W/(m·K)]	λ_h	0.2472[2]
PTFE 热导率/[W/(m·K)]	λ	式(4-46)
熔融潜热/(J/kg)	H_m	5.86×10⁴[43]
单位质量的基础聚能量/(J/kg)	H_{p0}	1.58×10⁶[2]
解聚能量的温度系数/[J/(kg·K)]	H_{p1}	−4.603[2]
单位质量的解聚能量/(J/kg)	H_p	式(4-47)
指前因子/s⁻¹	A_p	3.1×10¹⁹[1]
解聚动能温度/K	B_p	3.7×10⁴[43]
热松弛时间/ps	τ_0	10~100
表面反射率	R_s	0.1
折射率	n_l	1.35[1]

PTFE 工质的热物性参数可同时由包含所有网格温度值的复合温度矩阵计算获得[2]，即

$$\begin{cases} \rho_c = \rho_r + \dfrac{\rho_{mc} - \rho_r}{T_m - T_r}(T_c - T_r) \\[2mm] \rho_a = \rho_h + \dfrac{\rho_h - \rho_{ma}}{T_h - T_m}(T_a - T_m) \end{cases} \tag{4-44}$$

$$\begin{cases} c_c = c_r + \dfrac{c_{mc} - c_r}{T_m - T_r}(T_c - T_r) \\ c_a = c_h + \dfrac{c_h - c_{ma}}{T_h - T_m}(T_a - T_m) \end{cases} \tag{4-45}$$

$$\begin{cases} \lambda_c = \lambda_r + \dfrac{\lambda_{mc} - \lambda_r}{T_m - T_r}(T_c - T_r) \\ \lambda_a = \lambda_h + \dfrac{\lambda_h - \lambda_{ma}}{T_h - T_m}(T_a - T_m) \end{cases} \tag{4-46}$$

$$H_p = H_{p0} - H_{p1}T_a \tag{4-47}$$

其中，ρ、c、λ 分别为密度、热容、热导率；H_p 为单位质量的解聚能量；下标 c 和 a 分别表示晶体层和熔融层；下标 r 和 h 分别表示低值和高值；下标 mc 和 ma 分别表示相变温度达到 T_m 时的晶体层和熔融层；H_{p0} 和 H_{p1} 为单位质量的基础解聚能量和解聚能量的温度系数。

利用式(4-44)～式(4-47)可以计算每一时间步内 PTFE 工质的热物性参数。

4.3 烧蚀羽流运动模型

4.3.1 数学模型

如图 4-1 所示，激光对工质具有烧蚀作用，总是伴随着烧蚀羽流从工质表面逸出，并向激光入射相反方向运动。由于烧蚀羽流对激光的吸收和屏蔽作用，到达工质表面的激光强度降低。

烧蚀羽流的运动可由流体动力学方程描述，即

$$\frac{\partial}{\partial t}\begin{bmatrix} \rho \\ \rho u \\ E \end{bmatrix} + \frac{\partial}{\partial x}\begin{bmatrix} \rho u \\ \rho u^2 + p \\ (E+p)u \end{bmatrix} = \begin{bmatrix} 0 \\ 0 \\ S_{plume} \end{bmatrix} \tag{4-48}$$

其中，单位体积总能 E 为内能和动能之和，可表述为

$$E = \frac{3}{2}\rho\bar{R}T + \sum_{s\neq e}\frac{\rho_s R_s g_1^{(s)}\Theta_{el,1}^{(s)}\exp\left(-\Theta_{el,1}^{(s)}/T_e\right)}{\sum_{i=0}^{j^s} g_i^{(s)}\exp\left(-\Theta_{el,i}^{(s)}/T_e\right)} + \frac{1}{2}\rho(u^2+v^2) \tag{4-49}$$

其中，$\bar{R} = R_0/\bar{M}$，$\bar{M} = \left[\sum(c_s/M_s)\right]^{-1}$，$c_s$ 和 M_s 分别为组分 s 的质量分数和摩

尔质量；R_s 为对组分 s 的反射线；$g_i^{(s)}$ 为组分 s 第 i 个电子能级的简并度。

压强 p 可由状态方程获得，即

$$p = \sum_{s=1}^{4} \rho_s R_s T + \rho_e R_e T_e \tag{4-50}$$

烧蚀羽流内瞬时激光能量沉积 S_{plume} 为

$$S_{\text{plume}}(x,t) = I_0 \beta \exp\left(-\int_{\delta_p}^{x} \beta \mathrm{d}x\right) \tag{4-51}$$

其中，δ_p 为烧蚀羽流长度。

4.3.2　烧蚀羽流对激光能量的吸收机制

假设烧蚀羽流为无黏、电中性的流体，包含 12 种组分(C_2F_4、CF_2、CF、C、F、C^+、C^{2+}、C^{3+}、F^+、F^{2+}、F^{3+}、e^-)。烧蚀羽流对激光能量的吸收可以分为两部分，即 PTFE 工质解聚产生的短链中性产物对激光能量的吸收和等离子体产物对激光能量的逆韧致吸收。因此，烧蚀羽流对激光能量的吸收系数 β 为短链产物吸收系数 β^α 和电离产物吸收系数 β^{IB} 之和，即

$$\beta = \beta^\alpha + \beta^{\text{IB}} \tag{4-52}$$

短链产物对激光能量的吸收系数可由式(4-53)计算获得，即

$$\beta^\alpha = \frac{\overline{n} M_{C_2F_4} N_{(C_2F_4)_{\overline{n}}}}{\rho_0 N_A} \alpha \tag{4-53}$$

其中，$\overline{n}$ 为短链聚合物的聚合度；$M_{C_2F_4}$ 为单体 C_2F_4 的摩尔质量；$N_{(C_2F_4)_{\overline{n}}}$ 为 $(C_2F_4)_{\overline{n}}$ 的粒子数密度；N_A 为阿伏伽德罗常数。

逆韧致吸收系数 β^{IB} 为电子与中性原子碰撞吸收系数 $\beta_{\text{e-N}}^{\text{IB}}$，电子与离子碰撞吸收系数 $\beta_{\text{e-i}}^{\text{IB}}$ 之和[44]，即

$$\beta^{\text{IB}} = \beta_{\text{e-N}}^{\text{IB}} + \beta_{\text{e-i}}^{\text{IB}}$$
$$\beta_{\text{e-N}}^{\text{IB}} = \left(1 - \exp\left(-\frac{h\nu_1}{k_B T}\right)\right) n_e n_N Q_{\text{e-N}} \tag{4-54}$$
$$\beta_{\text{e-i}}^{\text{IB}} = \left(1 - \exp\left(-\frac{h\nu_1}{k_B T_e}\right)\right) \frac{4e^6 \lambda_1^3}{3hc^4 m_e} \sqrt{\frac{2\pi}{3m_e k_B T_e}} n_e \left(n_{s^+} + 4n_{s^{2+}} + 9n_{s^{3+}}\right)$$

其中，n 为粒子数密度；$Q_{\text{e-N}}$ 为电子与中性原子碰撞的平均截面(10^{-36}cm^5)[45]；N 表示中性原子组分，如 C_2F_4、CF_2、CF、C 和 F；s 代表离子组分，如 C^+、

C^{2+}、C^{3+}、F^+、F^{2+}和F^{3+}。

4.4　热化学模型

本章数值模型考虑 PTFE 烧蚀羽流的化学反应和电离，并假设烧蚀羽流内为局部热力学平衡状态。选取 PTFE 烧蚀羽流中最可能发生的线性无关的反应，并且每种组分至少由一种化学反应获得。PTFE 烧蚀羽流中的化学反应如表 4-2 所示。

表 4-2　PTFE 烧蚀羽流中的化学反应

序号	化学反应	反应能/(kJ/mol)
1	$C_2F_4 \leftrightarrow 2CF_2$	290.18
2	$CF_2 \leftrightarrow CF + F$	511.36
3	$CF \leftrightarrow C + F$	536.87
4	$C \leftrightarrow C^+ + e^-$	1086.45
5	$C^+ \leftrightarrow C^{2+} + e^-$	2352.58
6	$C^{2+} \leftrightarrow C^{3+} + e^-$	4620.36
7	$F \leftrightarrow F^+ + e^-$	1681.05
8	$F^+ \leftrightarrow F^{2+} + e^-$	3375.03
9	$F^{2+} \leftrightarrow F^{3+} + e^-$	6044.34

将各个化学反应平衡关系式写成各组分压强的形式，即

$$K_p(T) = \prod_i P_i^{v_i}, \quad i = 1, 2, \cdots, 12 \tag{4-55}$$

其中，$K_p(T)$为平衡温度 T 时的平衡常数；P_i 为组分压强；v_i 为化学反应组分计量数(反应物为负，产物为正)。

各组分理想气体状态方程为

$$p_i = n_i k T_i \tag{4-56}$$

其中

$$\sum_i p_i = p_T \tag{4-57}$$

由原子数守恒可得

$$\frac{2p_{\text{C}_2\text{F}_4} + p_{\text{CF}_2} + p_{\text{CF}} + p_{\text{C}} + p_{\text{C}^+} + p_{\text{C}^{2+}} + p_{\text{C}^{3+}}}{4p_{\text{C}_2\text{F}_4} + 2p_{\text{CF}_2} + p_{\text{CF}} + p_{\text{F}} + p_{\text{F}^+} + p_{\text{F}^{2+}} + p_{\text{F}^{3+}}} = \frac{1}{2} \tag{4-58}$$

假设烧蚀羽流为电中性，可得

$$\frac{2p_{\text{C}_2\text{F}_4} + p_{\text{CF}_2} + p_{\text{CF}} + p_{\text{C}} + p_{\text{C}^+} + p_{\text{C}^{2+}} + p_{\text{C}^{3+}}}{4p_{\text{C}_2\text{F}_4} + 2p_{\text{CF}_2} + p_{\text{CF}} + p_{\text{F}} + p_{\text{F}^+} + p_{\text{F}^{2+}} + p_{\text{F}^{3+}}} = \frac{1}{2} \tag{4-59}$$

该方程组由 12 个非线性方程组成，包括表 4-2 中的 9 个化学反应。式(4-55) 代表 9 个不同的化学反应平衡关系式。组成该方程组的其他三个守恒方程 分别为达尔顿定律、原子数守恒和电荷守恒(电中性假设)，分别为式(4-57)、 式(4-58)和式(4-59)。

式(4-55)中的化学反应平衡常数可以计算为

$$K_{\text{p}}(T_i) = \left(\frac{k_{\text{B}}T_i}{V}\right)^{\sum v_i} \text{e}^{\frac{\Delta e_0}{kT_i}} \prod_i Q_i^{v_i} \tag{4-60}$$

其中，k_{B} 为玻尔兹曼常数；V 为反应系统的体积(恒为常数)；T_i 表示温度(电离 反应为 T_{e}，化学反应为 T_{h})；v_i 为组分 i 的化学反应计量数，即化学反应平衡 方程中的系数；Δe_0 为反应能(零点能变化量)；Q_i 为组分 i 的总配分函数。

至此，对于给定的反应和热力学状态，式(4-60)中唯一未知的是 Q_i。

在式(4-60)中，不同组分物质的总配分函数 Q_i 不同。它由平移、旋转、振 动和电子配分函数组成[39,40]，即

$$Q_i = Q_{\text{tr}} Q_{\text{rot}} Q_{\text{vib}} Q_{\text{el}} \tag{4-61}$$

平移配分函数表达式为

$$Q_{\text{tr}} = \left(\frac{2\pi m k_{\text{B}} T_i}{h^2}\right)^{3/2} V \tag{4-62}$$

其中，m 为组分粒子的质量；h 为普朗克常量。

旋转配分函数表达式为

$$Q_{\text{rot}} = \frac{8\pi^2 I k_{\text{B}} T}{\sigma h^2} \tag{4-63}$$

其中，σ 和 I 分别为对称数和转动惯量，如表 4-3 所示。

振动配分函数表达式为

$$Q_{\text{vib}} = \frac{1}{1 - \text{e}^{\frac{h\nu}{k_{\text{B}}T}}} \tag{4-64}$$

其中，v 为振动频率，如表 4-3 所示。

表 4-3 PTFE 中性分子参数

组分	对称数 σ	转动惯量 $I/(\mathrm{kg} \cdot \mathrm{m}^2)$	振动频率 v/s^{-1}
C_2F_4	4	2.51×10^{-45}	1872
CF_2	2	3.65×10^{-46}	1222
CF	1	1.99×10^{-46}	1285.9

电子配分函数表达式为

$$Q_{\mathrm{el}} = \sum_{j=0}^{\infty} g_{s,j} \mathrm{e}^{-\frac{\varepsilon_{s,j}}{k_{\mathrm{B}} T}} \tag{4-65}$$

其中，$\varepsilon_{s,j}$ 和 $g_{s,j}$ 分别为组分 s 在能级 j 的能量和简并度，如表 4-4 所示。

表 4-4 PTFE 电离参数

组分	能级	能量/eV	简并度	组分	能级	能量/eV	简并度
C	1	0	1	F	1	0	4
	2	0.0020354	3		2	0.050102	2
	3	0.0053826	5		3	12.69669	6
	4	1.2637284	5		4	12.730752	4
	5	2.6840136	1		5	12.750582	2
C^+	1	0	2	F^+	1	0	5
	2	0.00786	4		2	0.04228	3
	3	5.33173	2		3	0.06074	1
	4	5.33446	4		4	2.58797	5
	5	5.33797	6		5	5.56913	1
C^{2+}	1	0	1	F^{2+}	1	0	4
	2	6.492688	1		2	4.2263	6
	3	6.495625	3		3	4.23074	4
	4	6.502613	5		4	6.3927	2
	5	12.69004	3		5	6.3928	4
C^{3+}	1	0	2	F^{3+}	1	0	1
	2	7.995	2		2	0.02802	3
	3	8.00835	4		3	0.07613	5
	4	37.54849	2		4	3.12914	5
	5	39.68115	2		5	6.63823	1
e^-	—	0	2				

4.5　数值计算方法

利用工质烧蚀模型,计算工质的温度和烧蚀质量流率;利用动力学模型,计算烧蚀羽流的运动特性;利用热化学模型,计算烧蚀羽流内组分的化学反应和电离,并获得各个组分的数密度。

各数值模型之间的逻辑关系如图 4-3 所示。工质烧蚀表面作为烧蚀羽流场的入口边界条件,利用烧蚀羽流运动方程,可以计算获得烧蚀羽流对激光能量的吸收和屏蔽量,进而获得到达工质表面的激光强度。烧蚀羽流温度可由烧蚀羽流运动方程获得,进而通过热化学模型获得烧蚀羽流内各组分的数密度。各组分的数密度决定了烧蚀羽流对激光能量的吸收系数。总而言之,在本章数值计算模型中,在每一时间步都需要对工质烧蚀模型、羽流运动模型、羽流热化学模型同时求解,并耦合迭代进入下一时间步进行计算。

图 4-3　各数值模型之间的逻辑关系

4.6　数值计算误差分析

数值模拟精度由计算空间和时间分辨率决定。因此,本节开展网格分布和时间步长对数值计算精度的影响研究。

网格分布对数值计算结果的影响如图 4-4 所示。n_1 和 n_2 分别代表 PTFE 工质内晶体层和熔融层的计算网格数。分别采用三种网格分布来数值计算距离工质表面不同位置处($\delta_1=0\text{nm}$, $\delta_2=20\text{nm}$, $\delta_3=40\text{nm}$)的温度分布特性。由图 4-4(a) 可知,工质网格数为 200+50 和 500+100 时获得的温度变化曲线较为一致,表明当网格数达到 200+50 后,网格数对计算结果的影响变得微弱。由图 4-4(b) 可知,烧蚀羽流网格数为 800 和 1200 时获得的温度变化曲线较为一致,表明当网格数达到 800 后,网格数对计算结果的影响变得微弱。同样,时间步长对数值计算结果的影响如图 4-5 所示。图中计算获得了三种时间步长条件下的温度特性变化(100ps, 1ps, 0.1ps)。由图可知,时间步长对温度特性的影响十分微弱,只是时间步长较小时会获得更多的温度特性细节。

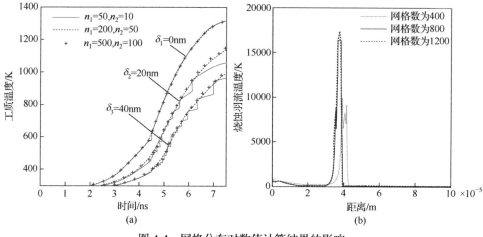

图 4-4　网格分布对数值计算结果的影响

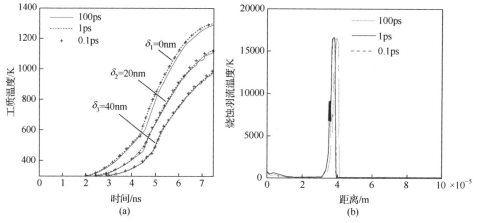

图 4-5　时间步长对数值计算结果的影响

不同网格分布和时间步长的数值计算误差积累(表 4-5)允许的最大误差为5%。由表 4-5 可知,随着网格数和时间步长增加,累积误差减小。然而,网格数增加会导致计算时间增加,时间步长增加会失去部分主要信息的计算捕获。结合图 4-4 和图 4-5,本章数值计算选取工质网格为 200+50,烧蚀羽流计算网格为 800,时间步长为 1ps。

表 4-5　数值计算误差分析结果

工质网格数	烧蚀羽流网格数	时间步长/ps	计算时长/ns	时间步数	累积误差/%
50+10	800	1	7.5	7.5×10^3	2.4135
200+50	800	1	7.5	7.5×10^3	0.1521
500+100	800	1	7.5	7.5×10^3	0.0376

续表

工质网格数	烧蚀羽流网格数	时间步长/ps	计算时长/ns	时间步数	累积误差/%
200+50	400	1	7.5	7.5×10^3	0.1927
200+50	1200	1	7.5	7.5×10^3	0.1446
200+50	800	0.1	7.5	7.5×10^4	0.4810
200+50	800	10	7.5	750	0.0481

4.7　计算结果与讨论

4.7.1　PTFE工质烧蚀特性

1. 非傅里叶热传导影响

考虑相变的热传导过程，计算得到PTFE工质不同深度位置(δ_1=0nm，δ_2=20nm，δ_3=40nm)的温度特性如图4-6所示。数值模拟时长为15ns，激光能量密度为5mJ/cm^2，其他物理参数如表4-1所示。烧蚀表面(δ_1=0nm)的温度随时间逐渐增加，且在4.5ns时工质发生相变后温度加快增长。工质内部位置的温度特性也以相似的趋势增加。图4-6(b)为不同热松弛时间条件下温度曲线的局部放大图。已知热波速度与热松弛时间成反比。对于傅里叶热传导(τ_0=0)，热波速度视为无限大，因此工质的温度迅速增加，如图4-6(b)所示。对于非傅里叶热传导，温度在一定延迟后增加。此外，相比傅里叶热传导，非傅里叶热传导在一定延迟后发生相变。在同一时刻，非傅里叶模型计算获得的温度低于傅里叶热传导模型计算值。随着热松弛时间的增加，热波速度减小，且热波传

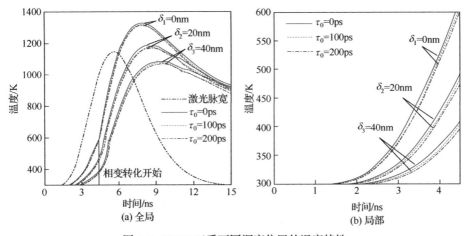

图4-6　PTFE工质不同深度位置的温度特性

递到工质内指定位置所需的时间增加。随着热松弛时间的增加，工质温度变化所需时间增加。这表明，非傅里叶效应对工质热传导影响显著，热松弛时间对工质温度特性影响显著。

在不同热松弛时间条件下，t_1=5ns 和 t_2=7.5ns 时工质内温度分布如图 4-7 所示。由于相变界面移动速度远小于热波速度，相变界面位置可在工质内的温度分布中轻松观察到。由图可知，温度分布在相变界面位置有明显的转折点。工质内温度分布可由相变界面分为熔融层(相变界面右侧)和晶体层(相变界面左侧)两部分。随着热松弛时间的增加，工质烧蚀表面温度降低，且边界热流影响区域减小。相变界面位置随热松弛时间增加，逐渐向工质烧蚀表面靠近。

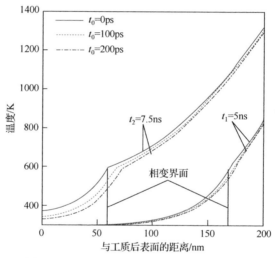

图 4-7　t_1=5ns 和 t_2=7.5ns 时工质内温度分布

相变界面移动速率、烧蚀面退移速率和烧蚀质量流率随时间变化如图 4-8 所示。在工质相变发生时，相变界面移动速率由 0 迅速变为负值，表明相变界面逐渐向工质内部移动。相变界面移动速率在相变发生后逐渐降低，如图 4-8(a) 所示。由图可知，随着热松弛时间 τ_0 增加，工质发生相变所需的时间增加，随后相变界面移动速率随之降低。

烧蚀面退移速率和烧蚀质量流率随时间变化如图 4-8(b)所示。由图可知，工质烧蚀对温度十分敏感，当工质表面温度较低时，工质烧蚀十分微弱，烧蚀质量流率近似为 0。烧蚀面退移速率和烧蚀质量流率在相变发生后约 2ns 开始由 0 增加。此后，随着工质温度的增加，烧蚀面退移速率和烧蚀质量流率在 8ns 时达到最大值，而后随工质温度降低逐渐降为 0。此外，在同一时刻，烧蚀面退移速率和烧蚀质量流率随热松弛时间增加而降低。

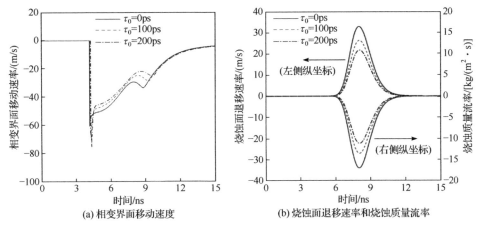

(a) 相变界面移动速度　　　　　(b) 烧蚀面退移速率和烧蚀质量流率

图 4-8　相变界面移动速率、烧蚀面退移速率和烧蚀质量流率随时间的变化

2. 激光能量影响

激光能量是影响工质烧蚀特性的重要参数之一。不同激光强度条件下工质温度随时间的变化如图 4-9 所示。激光能量密度分别为 $4mJ/cm^2$、$5mJ/cm^2$、$6mJ/cm^2$。激光能量密度越大，越多的激光能量沉积在工质内，因此温度增长越快。随着激光能量的增加，在相同时刻和位置的工质温度升高。热波速率由热扩散率和热松弛时间决定，因此热波速率与激光能量无关。由图 4-9(b)可知，在工质深度 $\delta=40nm$ 位置处，热波需要 $\delta/C_h=3.6\times10^{-10}s$ 的时间传递。因此，在工质深度 $\delta=40nm$ 位置处，温度变化相对工质表面有一定的时间延迟。

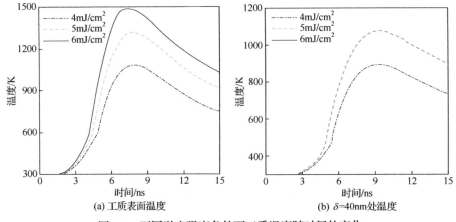

(a) 工质表面温度　　　　　(b) $\delta=40nm$ 处温度

图 4-9　不同激光强度条件下工质温度随时间的变化

3. 工质吸收系数影响

不同吸收系数条件下工质表面温度随时间的变化如图 4-10 所示。由图可知，吸收系数对温度变化影响显著。吸收系数 α 表示工质对激光能量的吸收能力。在相变发生之前，温度曲线随吸收系数 α 的增加而曲率增加。然而，在相变发生后，温度随吸收系数的变化较为复杂。当 $\alpha \leqslant 1 \times 10^5 \mathrm{cm}^{-1}$ 时，激光束的渗透深度从 0 增加到 200nm。随着吸收系数的增加，更多激光能量沉积在工质内。当 $\alpha > 1 \times 10^5 \mathrm{cm}^{-1}$ 时，激光能量主要在工质前部吸收，即工质后部位置被部分屏蔽。随着吸收系数的增加，相变界面逐渐向工质表面移动。由图可知，吸收系数 α 由 $0.22 \mathrm{cm}^{-1}$ 增加到 $1 \times 10^5 \mathrm{cm}^{-1}$，温度曲线斜率逐渐增加；吸收系数 α 由 $1 \times 10^5 \mathrm{cm}^{-1}$ 增加到 $1 \times 10^7 \mathrm{cm}^{-1}$，温度变化曲线斜率逐渐降低。

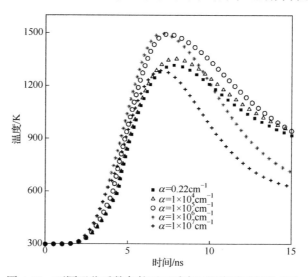

图 4-10　不同吸收系数条件下工质表面温度随时间的变化

在不同吸收系数条件下，$t=7.5\mathrm{ns}$ 时工质内温度的空间分布如图 4-11 所示。随着吸收系数的增加，工质内沉积内热源增加，但是工质表面的吸收层厚度随之降低。因此，在工质后表面，吸收系数从 $0.22 \mathrm{cm}^{-1}$ 变化到 $1 \times 10^5 \mathrm{cm}^{-1}$，温度逐渐增加；吸收系数从 $1 \times 10^5 \mathrm{cm}^{-1}$ 变化到 $1 \times 10^7 \mathrm{cm}^{-1}$，温度逐渐降低。由图可知，工质内温度分布随吸收系数的变化规律比较复杂，这是非傅里叶热传导和内能沉积造成的。

不同吸收系数条件下，工质烧蚀质量流率随时间的变化如图 4-12 所示。由图可知，吸收系数从 $0.22 \mathrm{cm}^{-1}$ 变化到 $1.0 \times 10^5 \mathrm{cm}^{-1}$，烧蚀质量流率变化曲线斜率逐渐增加；吸收系数从 $1.0 \times 10^5 \mathrm{cm}^{-1}$ 变化到 $1.0 \times 10^7 \mathrm{cm}^{-1}$，烧蚀质量流率变

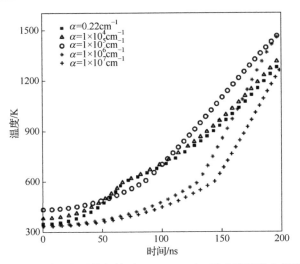

图 4-11　不同吸收系数条件下，t=7.5ns 时工质内温度的空间分布

化曲线斜率逐渐降低。由式(4-37)可知，熔融层内的烧蚀质量流率依赖温度变化，尤其是在工质表面附近的温度变化。因此，相变发生后的工质表面温度变化趋势(图 4-10)与烧蚀质量流率变化(图 4-12)一致。

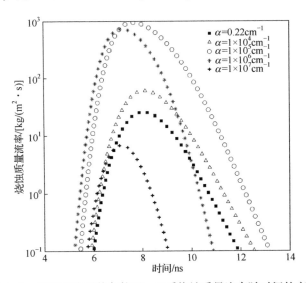

图 4-12　不同吸收系数条件下，工质烧蚀质量流率随时间的变化

图 4-13 给出了工质达到相变所需的时间随吸收系数的变化。当吸收系数较小时，变化范围从 0.22cm^{-1} 到 1×10^{3}cm^{-1}，工质发生相变所需时间基本一致，约为 4.45ns。然而，吸收系数大于 1×10^{3}cm^{-1} 时，工质发生相变所需的时间逐

渐降低。随着吸收系数的增加，在烧蚀表面附近工质内沉积更多激光能量，导致工质后部沉积能量降低。当吸收系数大于 $1\times10^6 cm^{-1}$ 时，工质热源项可视为表面热源，激光能量在工质表面附近的极薄层内被吸收。因此，工质表面温度迅速增加，导致工质发生相变所需的时间缩短。

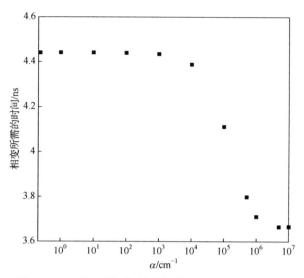

图 4-13　工质达到相变所需的时间随吸收系数的变化

4.7.2 烧蚀羽流运动特性

为描述 PTFE 烧蚀羽流的运动和电离特性，可以通过数值计算获得不同时刻的烧蚀羽流特性，选取的时刻分别为 5ns、10ns、15ns、20ns、30ns、50ns、70ns，激光能量密度为 $5mJ/cm^2$，激光脉宽为 5ns，激光波长为 1064nm，环境气体压强为 $10^{-2}Pa$。

如图 4-14 所示，烧蚀羽流的峰值速度总是处于烧蚀羽流前端位置。在 5ns 时，由于激光烧蚀 PTFE 工质，烧蚀羽流产生，烧蚀羽流峰值速度为 1250m/s。此后，由于激光强度增加，更多烧蚀产物从工质表面剥离，烧蚀羽流速度迅速增加。在 10ns 时烧蚀羽流峰值速度达到 1600m/s；在 20ns 时，激光脉冲结束，烧蚀羽流峰值速度接近 1800m/s。随后，激光脉冲结束，PTFE 烧蚀羽流继续膨胀运动，此时烧蚀羽流速度继续增加，但增长速率逐渐降低，烧蚀羽流速度随时间逐渐趋于稳定。在 70ns 时，烧蚀羽流峰值速度达到 1850m/s。由图 4-14(b) 可知，在激光脉冲时间内(≤20ns)，烧蚀羽流峰值速度迅速增加；激光脉冲结束后(>20s)，烧蚀羽流峰值速度继续增加，但是增长速率明显降低。

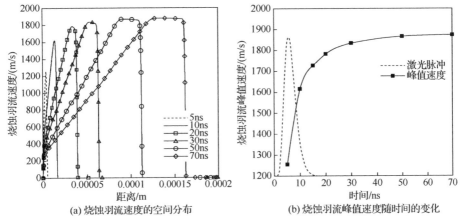

图 4-14　烧蚀羽流速度变化特性

　　图 4-15(a)所示为不同时刻烧蚀羽流温度的空间分布，图 4-15(b)为烧蚀羽流峰值温度随时间的变化。由图 4-15 可知，烧蚀羽流的峰值温度总是处于烧蚀羽流的前端位置。由于激光能量沉积作用，烧蚀产物从 PTFE 工质表面剥离进入环境气体，同时 PTFE 烧蚀羽流吸收部分激光能量。在 5ns 时烧蚀羽流峰值温度为 3000K。此后，由于激光强度增加，更多烧蚀产物从工质表面剥离，同时烧蚀羽流吸收激光能量增加，烧蚀羽流温度迅速增加，在 10ns 时烧蚀羽流峰值温度达到 10000K。在 20ns 时，激光脉冲结束，烧蚀羽流峰值温度达到 16500K。随后，虽然激光脉冲结束，但由于 PTFE 烧蚀羽流温度较高，烧蚀羽流内继续发生化学反应，此时烧蚀羽流温度继续增加，在 30ns 时烧蚀羽流峰值温度达到 22000K。随后，烧蚀羽流温度随时间增长速率逐渐降低，烧蚀羽流温度随时间逐渐趋于稳定，在 70ns 时烧蚀羽流峰值温度为 23000K。由图 4-15(b)可知，在激光脉冲时间内(≤20ns)，由于烧蚀羽流对激光能量的吸收作用，烧蚀羽流峰值温度迅速增加；激光脉冲结束后(20~30ns)，由于烧蚀羽流内各组分之间的化学反应，烧蚀羽流温度继续增加；烧蚀羽流内各组分化学反应基本完成后(>30ns)，烧蚀羽流温度逐渐趋于稳定。

　　图 4-16(a)所示为不同时刻 C_2F_4 数密度分数的空间分布。图 4-16(b)所示为烧蚀羽流面积分数(烧蚀羽流面积/整个区域面积)随时间的变化。数值计算模型假设在初始时刻 PTFE 单体 C_2F_4 充满整个计算区域，计算开始后由于化学反应作用，烧蚀羽流内 C_2F_4 几乎全部转化，因此在烧蚀羽流内 C_2F_4 数密度分数为零。由图 4-14 和图 4-15 可知，烧蚀羽流速度和温度随时间不断增加，因此烧蚀羽流面积随时间增加，且烧蚀羽流面积的增长速率不断增加，如图 4-16(b)

所示。这表明，烧蚀羽流膨胀运动，烧蚀羽流面积随时间不断增加，但是激光脉冲结束后工质不再产生烧蚀羽流，因此烧蚀羽流的数密度逐渐减小。

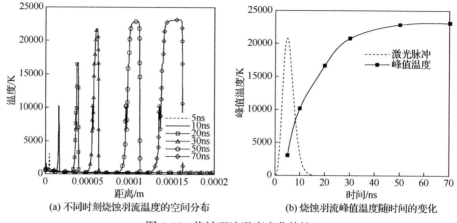

(a) 不同时刻烧蚀羽流温度的空间分布　　(b) 烧蚀羽流峰值温度随时间的变化

图 4-15　烧蚀羽流温度变化特性

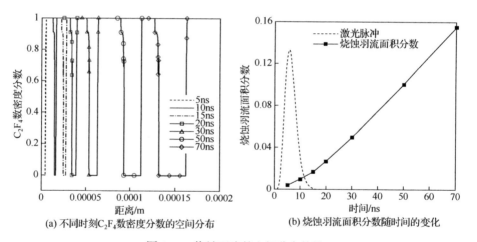

(a) 不同时刻C_2F_4数密度分数的空间分布　　(b) 烧蚀羽流面积分数随时间的变化

图 4-16　烧蚀羽流的空间分布特性

图 4-17(a)所示为不同时刻电子数密度分数的空间分布。图 4-17(b)所示为烧蚀羽流电离区域面积分数(电离区域面积/整个区域面积)随时间的变化。由图 4-17(a)可知，电离区域主要分布在烧蚀羽流前部位置，与烧蚀羽流速度和温度分布的空间位置一致。在 5ns 时烧蚀羽流没有发生电离反应，而后随着烧蚀羽流温度的增加，电子数密度分数逐渐增加。在 30ns 时电子数密度分数接近 0.7，表明在 30ns 时烧蚀羽流内发生多级电离反应，而后电子数密度分数保持恒定，表明烧蚀羽流内电离反应基本完成，但是电离区域面积随烧蚀羽流膨胀运动不断增加。由图 4-17(b)可知，烧蚀羽流电离区域面积随时间不断增加，且

增长速率不断增大。在 20ns 时激光脉冲已经结束，但是此时的电离区域面积较小，不会在推力器阴阳极间形成击穿放电，只有随着烧蚀羽流的膨胀运动，经过一段时间后电离区域面积扩展到推力器电极时才会触发放电。这个时间即激光脉冲触发推力器放电的延迟时间。

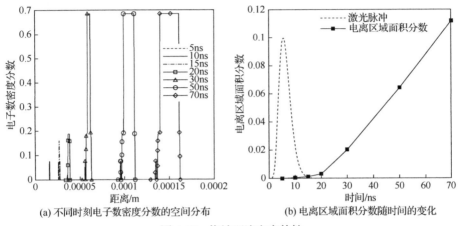

(a) 不同时刻电子数密度分数的空间分布　(b) 电离区域面积分数随时间的变化

图 4-17　烧蚀羽流电离特性

图 4-18 所示为烧蚀羽流各组分数密度分数随时间的变化。由图可知，一价(C^+、F^+)离子数密度分数随时间先增加再减小；二价(C^{2+}、F^{2+})和三价(C^{3+}、F^{3+})离子数密度分数随时间不断增加，且三价离子的生成时间晚于二价离子。在 5ns 时各离子数密度分数为零，表明此时没有发生电离反应。随后，烧蚀羽

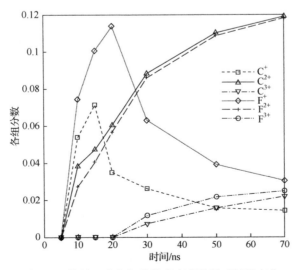

图 4-18　烧蚀羽流各组分数密度分数随时间的变化

流内发生一级和二级电离反应，一价和二价离子数密度分数不断增加。在15ns时 C$^+$数密度分数达到最大，表明在15ns后烧蚀羽流内不再发生 C 的一级电离反应，烧蚀羽流中的 C 已经全部转化。在18ns时 F$^+$数密度分数达到最大，表明在20ns后烧蚀羽流内不再发生 F 的一级电离反应，烧蚀羽流中的 F 已经全部转化。20ns后三价离子生成，表明烧蚀羽流内发生三级电离反应。在70ns时，二价离子的组分数密度分数最高，表明烧蚀羽流内主要为二价离子。

4.8　本章小结

　　本章对短脉宽激光烧蚀聚合物工质 PTFE 的物理过程进行建模和仿真分析，建立考虑材料热物性变化、相变和非傅里叶效应的 PTFE 工质激光烧蚀模型。同时，基于局部热力学平衡假设，考虑 PTFE 组分间的化学反应、电离、烧蚀羽流吸收和屏蔽，建立烧蚀羽流运动模型和热化学模型。在每一时间步将烧蚀羽流化学反应、烧蚀羽流运动和工质烧蚀过程耦合计算。进而，利用本章数值模型开展工质烧蚀特性、烧蚀羽流热化学特性和烧蚀羽流运动特性的仿真分析，得到如下结论。

　　(1) 非傅里叶热效应对 PTFE 工质的温度特性影响显著，随着热松弛时间的增加，工质温度变化响应时间增加，工质发生相变所需的时间增加。在同一时刻，烧蚀面退移速率和烧蚀质量流率随着热松弛时间增加而降低。吸收系数对 PTFE 工质烧蚀特性的影响规律较为复杂，吸收系数代表工质对激光能量的吸收能力，吸收系数越大，工质对激光能量的吸收效果越好，工质烧蚀质量流率越高。但是，吸收系数超过 1×10^5cm^{-1} 时，激光能量在工质表面附近的极薄层内被吸收，随着吸收系数的增加，相变界面逐渐向工质表面移动，导致工质烧蚀质量流率降低。

　　(2) 烧蚀羽流的峰值速度、峰值温度和电离区域总是处于烧蚀羽流的前端位置。在激光脉冲时间内，烧蚀羽流的峰值速度和峰值温度迅速增加；激光脉冲结束后，烧蚀羽流峰值速度和峰值温度继续增加，但是增长速率明显降低。由于烧蚀羽流的膨胀运动，烧蚀羽流面积随时间不断增加，但是激光脉冲结束后工质不再产生烧蚀羽流，因此烧蚀羽流的数密度在工质烧蚀结束后逐渐减小。烧蚀羽流电离区域面积随时间不断增加，且增长速率不断增大。在激光脉冲结束时刻，烧蚀羽流的电离区域面积较小，不会在推力器阴阳极间形成击穿放电，只有当烧蚀羽流的电离区域扩展到推力器电极时才会触发放电，由此可获得激光点火的放电延迟时间。

参 考 文 献

[1] Arai N. Transient ablation of teflon in intense radiative and convective environments[J]. AIAA Journal, 1979, 17(6): 634-640.

[2] Stechmann D P. Numerical analysis of transient teflon ablation in pulsed plasma thrusters[D]. New York: Wordester Polytechnic Insitute, 2007.

[3] Wu Z W, Sun G R, Yuan S Y, et al. Discharge reliability in ablative pulsed plasma thrusters[J]. Acta Astronautica, 2017, 137: 8-14.

[4] Huang T K, Wu Z W, Liu X Y, et al. Modeling of gas ionization and plasma flow in ablative pulsed plasma thrusters[J]. Acta Astronautica, 2016, 129: 309-315.

[5] Ciaralli S, Coletti M, Gabriel S B. Results of the qualification test campaign of a pulsed plasma thruster for cubesat propulsion (PPTCUP)[J]. Acta Astronautica, 2016, 121: 314-322.

[6] Coletti M, Ciaralli S, Gabriel S B. PPT development for nanosatellite applications: Experimental results[J]. IEEE Transactions on Plasma Science, 2015, 43(1): 218-225.

[7] Tsuruta H, Dondelewski O, Katagiri Y, et al. Ablation spot area and impulse characteristics of polymers induced by burst irradiation of 1μm laser pulses[J]. Acta Astronautica, 2017, 136: 46-54.

[8] Bergstue G, Fork R, Reardon P. An advanced optical system for laser ablation propulsion in space[J]. Acta Astronautica, 2014, 96(1): 97-105.

[9] Phipps C, Birkan M, Bohn W, et al. Review: Laser-ablation propulsion[J]. Journal of Propulsion and Power, 2010, 26(4): 609-637.

[10] Zhang Y, Zhang D X, Wu J J, et al. A novel laser ablation plasma thruster with electromagnetic acceleration[J]. Acta Astronautica, 2016, 127: 438-447.

[11] Yao W J, Cao B Y. Thermal wave propagation in graphene studied by molecular dynamics simulations[J]. Science Bulletin, 2014, 59(27): 3495-3503.

[12] Guo Z Y, Hou Q W. Thermal wave based on the thermomass model[J]. Journal of Heat Transfer, 2010, 132: 72401-72406.

[13] Hu R F, Cao B Y. Study on thermal wave based on the thermal mass theory[J]. Science China, 2009, 52(6): 1786-1792.

[14] Willis D A, Xu X. Heat transfer and phase change during picosecond laser ablation of nickel[J]. International Journal of Heat and Mass Transfer, 2002, 45(19): 3911-3918.

[15] Gumpenberger T, Heitz J, Bäuerle D, et al. F2-laser polishing of polytetrafluoroethylene surfaces[J]. Europhysics Letters, 2005, 70(70): 3932-3936.

[16] Schwödiauer R, Heitz J, Arenholz E, et al. Pulsed-laser-deposited and plasma polymerized polytetrafluoroethylene(PTFE)-like thin films: A comparative study on PTFE-specific properties[J]. Journal of Polymer Science—Part B: Polymer Physics, 2015, 37(16): 2115-2125.

[17] Huber N, Gruber J, Arnold N, et al. Time-resolved photography of the plasma-plume and ejected particles in laser ablation of polytetrafluoroethylene[J]. Europhysics Letters, 2000, 51(6):674.

[18] Kresz N, Smausz T, Hopp B. The dependence of the size distribution of the pulsed laser deposited micron sized particles from the laser fluence and its influence to the thickness of the deposited layer[J]. Applied Surface Science, 2015, 253(19): 8160-8164.

[19] Hopp B, Smausz T, Kresz N, et al. Production of biologically inert teflon thin layers on the surface of allergenic metal objects by pulsed laser deposition technology[J]. Applied Physics A, 2003, 76(5): 731-735.

[20] Hopp B, Kresz N, Kokavecz J, et al. Adhesive and morphological characteristics of surface chemically modified polytetrafluoroethylene films[J]. Applied Surface Science, 2004, 221(1): 437-443.

[21] Smausz T, Hopp B, Kresz N. Pulsed laser deposition of compact high adhesion polytetrafluoroethylene thin films[J]. Journal of Physics D: Applied Physics, 2002, 35(35): 1859.

[22] Kresz N, Kokavecz J, Smausz T, et al. Investigation of pulsed laser deposited crystalline PTFE thin layer with pulsed force mode AFM[J]. Thin Solid Films, 2004, 453-454(1): 239-244.

[23] Küper S, Stuke M. Ablation of polytetrafluoroethylene (teflon) with femtosecond UV excimer laser pulses[J]. Applied Physics Letters, 1989, 54(1): 4-6.

[24] Kresz N R. Laser methods for deposition of teflon thin films and modification of teflon's adhesion properties[D]. Szeged: University of Szeged, 2007.

[25] Adhi K P, Owings R L, Railkar T A, et al. Femtosecond ultraviolet(248nm) excimer laser processing of teflon(PTFE)[J]. Applied Surface Science, 2003, 218(1): 17-23.

[26] Serafetinides A A, Makropoulou M I, Skordoulis C D, et al. Ultra-short pulsed laser ablation of polymers[J]. Applied Surface Science, 2001, 180(1): 42-56.

[27] Reichert J, Brückner S, Bartelt H, et al. Tuning cell adhesion on PTFE surfaces by laser induced microstructures[J]. Advanced Engineering Materials, 2007, 12: 1104-1113.

[28] Ahmadikia H. Non-Fourier phase change heat transfer in biological tissues during solidification[J]. Heat and Mass Transfer, 2012, 48(9): 1559-1568.

[29] Kundu B, Lee K S. Fourier and non-Fourier heat conduction analysis in the absorber plates of a flat-plate solar collector[J]. Solar Energy, 2012, 86(10): 3030-3039.

[30] Ahmadikia H, Rismanian M. Analytical solution of non-Fourier heat conduction problem on a fin under periodic boundary conditions[J]. Journal of Mechanical Science and Technology, 2011, 25: 2919-2926.

[31] Zhang D M, Li L, Li Z H, et al. Non-Fourier heat conduction studying on high-power short-pulse laser, ablation considering heat source effect[J]. The European Physical Journal-Applied Physics, 2006, 33(2): 91-96.

[32] Gembarovic J, Jr J G. Non-Fourier heat conduction modeling in a finite medium[J]. International Journal of Thermophysics, 2004, 25(4): 1261-1268.

[33] Abde H B. Modelling non-Fourier heat conduction with periodic thermal oscillation using the finite integral[J]. Applied Mathematical Modelling, 1999, 23: 899-914.

[34] Tang D W, Araki N. On non-Fourier temperature wave and thermal relaxation time[J]. International Journal of Thermophysics, 1997, 18(2): 493-504.

[35] Zhang Y, Zhang D X, Wu J J, et al. Non-Fourier heat conduction and phase transition in laser

ablation of polytetrafluoroethylene(PTFE). Acta Astronautica, 2017, 140: 338-350.

[36] 段兴跃, 李小康, 程谋森, 等. 激光烧蚀掺杂金属聚合物羽流屏蔽特性数值研究[J]. 物理学报, 2016, 65(19): 197901.

[37] Li G, Cheng M S, Li X K. Thermal-chemical coupling model of laser induced ablation on polyoxymethylene[J]. Acta Physica Sinica, 2014, 63(10): 107901.

[38] Kovitya P. Thermodynamic and transport properties of ablated vapors of ptfe, alumina, perspex, and PVC in the temperature range 5000-30000K[J]. IEEE Transactions on Plasma Science, 1984, 12(1): 38-42.

[39] Schmahl C S. Thermochemical and transport processes in pulsed plasma microthrusters: A two-temperature analysis[D]. Ohio: Ohio State University, 2002.

[40] Sonoda S, Henrikson E, Mikellides P. A high-temperature, thermal non-equilibrium thermochemical model for polytetrafluoroethylene[J]. International Journal of Thermophysics, 2011, 32: 1918-1941.

[41] Porneala C, Willis D A. Effect of the dielectric transition on laser-induced phase explosion in metals[J]. International Journal of Heat and Mass Transfer, 2006, 49(11): 1928-1936.

[42] Gragossian A, Tavassoli S H, Shokri B. Laser ablation of aluminum from normal evaporation to phase explosion[J]. Journal of Applied Physics, 2009, 105(10): 853.

[43] Clark B L. A parametric study of the transient ablation of teflon[J]. Journal of Heat Transfer-Transactions of the Asme, 1972, 94: 347-354.

[44] Root R G. Laser-Induced-Plasmas and Applications[M]. Berlin: Springer, 1989.

[45] Gatsonis N A, Yin X. Hybrid(particle-fluid) modeling of pulsed plasma thruster plumes[J]. Journal of Propulsion and Power, 2015, 17(5): 945-958.

第 5 章　Al/PTFE 复合工质激光烧蚀过程建模与仿真

5.1　引　言

与以纯聚合物材料制成的推进剂相比，采用金属、氧化物、盐类和碳类掺杂聚合物基质制成的复合推进剂能够取得更高的放电成功率、元冲量、冲量耦合系数、比冲和推进效率[1,2]。因此，越来越多的微推力器优先选择复合推进剂作为工质[3-5]。研究者针对复合推进剂开展了深入研究，分别探究了不同类别掺杂剂、掺杂比例和制备工艺对复合推进剂性能的影响[1,6-13]。

在激光-电磁复合推力器中，激光烧蚀推进剂生成稳定羽流是推力器正常工作和稳定生成推力的前提。尽管当前已对激光烧蚀聚合物材料的机理展开了深入研究，但是由于掺杂剂对聚合物基质的改性，此时激光与复合推进剂之间和激光与纯聚合物材料之间的相互反应过程具有极大的不同。首先，掺杂剂将改变推进剂的激光吸收系数、反射率和导热系数，增强对激光能量的吸收和形成局部热区以促进推进剂内部热流传导。其次，随着温度的升高，推进剂内部会出现由固态掺杂剂、熔融态聚合物基质、聚合物基质分解的气态产物和固态聚合物基质组成的复杂多相流。掺杂剂与聚合物基质或者聚合物基质分解产物会发生化学反应释放热量，化学反应热将协同激光沉积热促进烧蚀过程。

为了表征激光和复合推进剂之间的相互作用机理，研究者构建了不少激光烧蚀复合推进剂的数值模型。2016 年，Marla 等[14]重点考虑激光加热复合推进剂的非均匀性，建立纳米碳粒子大小和分布与复合推进剂激光吸收系数的函数关系，以表征掺杂剂对激光烧蚀过程的影响，最终构建激光烧蚀纳米碳掺杂聚苯乙烯基质的复合推进剂的数值模型。2017 年，段兴跃等[11]把掺杂的铝颗粒和聚甲醛基质视为不同微元，对金属和聚合物分别建立激光烧蚀模型，再以掺杂金属和聚合物基质之间的热传导表征两者之间的相互作用，进而建立铝掺杂聚甲醛基质的复合推进剂被激光烧蚀的数值模型。2020 年，Chen 等[15]将铝掺杂聚氟乙烯基质的复合推进剂当做均质材料，并且量化铝和聚四氟乙烯两者物化参数和掺杂比例对均质材料密度、比热容和导热系数的影响,同时把铝和聚四氟乙烯反应的反应热视为复合推进剂的内热源,构建铝掺杂聚四氟乙烯基质的复合推进剂热传导模型。同年,Vo 等[16]采用移动边界方法,描述激光加热复合推进剂中铝、奥克托今(high melting explosive,HMX)和端羟基叠氮缩水甘油醚(glycidyl azide polymer,GAP)的固态、熔融态和气态多相流动和传热过程,并且考虑三种物质之间的反应动力学,表征采用激光点火的复合推进剂燃烧机理。尽管这些数值模型可以反映激光烧蚀复合推进剂的一些物理过程,但是都存在局限性和片面性,只是单一地考虑某个因素的影响,并未充分考虑激光和复合推进剂相互反应的多物理场过程。因此,建立一个能充分体现激光烧蚀复合推进剂多物理场过程的高保真模型仍然是需要解决的问题。

本章将以铝掺杂聚四氟乙烯的复合推进剂为研究对象,探究激光和复合推进剂之间相互作用机理,构建复合推进剂被激光烧蚀的高保真动态数值模型。尽管此模型的建立以铝掺杂聚四氟乙烯的复合推进剂的反应机理为基础,但是模型具有一定的普适性,可应用于其他类别的掺杂改性复合推进剂。首先,基于当前复合推进剂化学反应机理的研究基础,理论分析和总结激光烧蚀复合推进剂的动态多物理场过程。其次,建立包含质量守恒方程、能量守恒方程和组分守恒方程的复合推进剂烧蚀模型,重点表征聚合物基质分解、多组元两相流、掺杂剂与分解产物的化学反应动力学和激光能量热沉积等多物理场特性。再次,开发能够处理激光烧蚀复合推进剂过程中涉及的相变、移动边界、坐标变换和化学反应动力学等因素数值求解方案,并基于此求解方案获取复合推进剂的烧蚀质量、温度分布和烧蚀区剖面图。最后,将仿真模型获得的烧蚀深度与实验测量值,以及其他仿真结果对比,验证模型的准确性和先进性。

5.2　激光烧蚀复合推进剂多物理场过程分析

根据当前铝掺杂聚四氟乙烯的复合推进剂反应机理的理论与实验研究[17-27],激光和复合推进剂之间的动态反应过程可总结为图 5-1 所示的三个阶段和三个区域。

在第一阶段,激光开始辐射复合推进剂,复合推进剂温度持续升高。在复合推进剂表面温度达到聚四氟乙烯基质的熔点 600K 之前,复合推进剂都处于固态,可视为固体层。由于此阶段温度低,停留时间短,因此可忽略当前阶段的化学反应而认为只存在热传导过程。

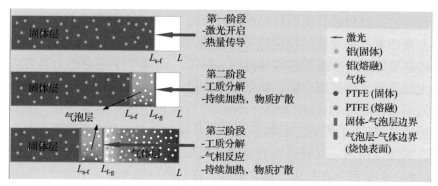

图 5-1　激光和复合推进剂动态反应原理图

随后，聚四氟乙烯基质温度上升到熔点后开始熔化并发生分解反应。分解反应生成气体，此时形成温度高于 600K 的气泡层，烧蚀过程进入第二阶段。在第二阶段，复合推进剂可划分为固体层和气泡层两个区域，并且固体层的变化与第一阶段一致。气泡层中熔点为 933K 的铝颗粒最初仍然处于固态，并且和分解反应的气态产物，以及熔融聚四氟乙烯基质一起流动扩散。随着气泡层温度的升高，铝颗粒逐渐开始熔化，并且伴随着聚四氟乙烯基质的烧蚀而脱离气泡层进入气体层[16]。根据聚四氟乙烯在低压或者氮气环境下分解反应的实验研究[28-31]，当其温度低于 2000K 时，聚四氟乙烯的分解产物几乎都是四氟乙烯。在激光与复合推进剂相互作用过程中，复合推进剂的温度通常低于 2000K，因此假设气泡层中的聚四氟乙烯只发生如式(5-1)所示的一级分解反应，即

$$(C_2F_4)_n \rightarrow nC_2F_4 \tag{5-1}$$

其中，$(C_2F_4)_n$ 为聚四氟乙烯；C_2F_4 为四氟乙烯。

此时，气泡层中的主要成分为铝颗粒、熔融四氟乙烯和四氟乙烯气体，并且气泡层中的铝颗粒不与聚四氟乙烯和四氟乙烯气体发生化学反应[32-34]。相变是导致气泡层左边界退缩的主要因素，聚合物分解反应是导致气泡层右边界退缩的主要因素[16,35-37]。

当四氟乙烯和铝颗粒从烧蚀表面脱离进入气体层时，此时进入烧蚀的第三阶段，复合推进剂可划分为固体层、气泡层和气体层三个区域。第三阶段的固体层和气泡层的变化与第二阶段相同。在气体层中，四氟乙烯被进一步分解，但是四氟乙烯和其分解产物都将与铝颗粒发生放热化学反应，反应产物为氟化铝和炭黑[26,38]。因此，通常采用式(5-2)所示的总化学反应式表征铝颗粒和四氟乙烯之间的相互作用[25,38]，即

$$4Al + 3C_2F_4 \rightarrow 4AlF_3 + 6C \tag{5-2}$$

其中，AlF_3 表示氟化铝；C 表示炭黑。

随着烧蚀过程的进行，气体层中放热反应生成的热流将反作用于复合推进剂表面，进一步促进推进剂的烧蚀和表面退缩[27]。

基于激光和复合推进剂相互作用的三个阶段，以复合推进剂左侧边界为坐标原点，可将烧蚀过程中的复合推进剂划分为固体层、气泡层和气体层三个区域，以及固体-气泡界面层和气泡-气体界面层(称烧蚀表面)两个边界层。表 5-1 总结了烧蚀过程中复合推进剂所有区域和界面层的理化特性，表中 L 为复合推进剂的长度，$L(t)$ 为复合推进剂某一点的坐标，L_{s-f} 为固体-气泡界面层坐标，L_{f-g} 为气泡-气体界面层坐标。

表 5-1　复合推进剂中不同区域和界面层的理化特性

区域	理化特性
固体层	组分：固态聚四氟乙烯和固态铝
$L(t) \in [0, L_{s-f})$	反应：热传导
固体-气泡界面层	组分：固态聚四氟乙烯和固态铝
$L(t) = L_{s-f}$	反应：热传导、相变、分解
气泡层	组分：熔融态聚四氟乙烯、固态铝、熔融态铝、四氟乙烯
$L(t) \in (L_{s-f}, L_{f-g})$	反应：热传导、相变、分解
气泡-气体界面层	组分：熔融态聚四氟乙烯、熔融态铝、四氟乙烯
$L(t) = L_{f-g}$	反应：热传导、分解、烧蚀
气体层	组分：铝颗粒、四氟乙烯、氟化铝、炭黑
$L(t) \in (L_{f-g}, L)$	反应：热传导、铝和四氟乙烯的放热化学反应

5.3　理论基础与物理模型

基于激光烧蚀复合推进剂的多物理场过程分析，采用数学模型表征激光和复合推进剂的相互作用机理。在数学模型中，复合推进剂可以划分为固体层、气泡层和气体层三个区域，分别建立质量、动量、组分和能量守恒方程，并根据固体-气泡界面层和气泡-气体界面层处的守恒方程确定边界条件。为了简化研究问题，该数值模型引入如下假设。

(1) 激光和复合推进剂之间的反应处于真空环境，忽略对流换热和辐射换热对烧蚀过程的影响。激光光源持续时间为纳秒量级，忽略了激光偏振、衍射，以及二次衍射等效应对传热过程的影响。

(2) 固体层区域中，温度低且持续时间短，忽略此区域的化学反应，只考虑激光热传导过程[35,36,39]。

(3) 固体-气泡界面层的能量，包含从气泡层输入界面层的热能和界面层通过热传导向固体层传递的热能，并且该界面处的累积能量是造成固体聚四氟乙烯基质熔化的能量源项[16,35,36]。

(4) 气泡层区域中，聚四氟乙烯的分解只考虑一级分解反应，分解产物为四氟乙烯，气泡的成分为四氟乙烯[28-31]。

(5) 将铝颗粒视为均匀分布在熔融聚四氟乙烯的溶质，忽略铝颗粒相变产生的潜热，但是考虑铝颗粒随温度变化的热物性参数对传热过程的影响。

(6) 假设气泡层中熔融态物质的速度 u_l 和气泡速度 u_b 满足 $\rho_l \cdot u_l = \rho_b u_b$（$\rho_l$ 为熔融态物质的密度，ρ_b 为气泡的密度)[37-39]。

(7) 忽略气体层中具体的化学反应动力学，只考虑烧蚀表面附近铝颗粒和四氟乙烯的化学反应[25,38]，并且其反应热被看作烧蚀表面的热通量。

5.3.1　固体层

在固体层，所有位置的温度都低于聚四氟乙烯的熔点，所有组元都处于图 5-1 所示的固体状态，因此可将固体层中所有的组元看作同一种均质材料。忽略固体层中的化学反应，固体层的热传导方程为[37,39-42]

$$\rho_s c_{p,s} \frac{\partial T_s}{\partial t} = \frac{\partial}{\partial L_s}\left(\lambda_s \frac{\partial T_s}{\partial L_s}\right) + S_{e,s} \tag{5-3}$$

$$S_{e,s} = \begin{cases} (1-\beta)\alpha I_0 \exp(-\alpha(L_0 - L_s(t))), & T_s(L_{s\text{-}c}) < T_{melt} \\ (1-\beta)\alpha I_0 \exp(-\alpha(L_{f\text{-}g} + L_{s\text{-}f} - L_s(t))), & \text{其他} \end{cases} \tag{5-4}$$

其中，ρ_s 为固体层的密度；$c_{p,s}$ 为固体层的比热容；T_s 为固体层的温度；t 为时间；L_s 为固体层的长度；λ_s 为固体层的导热系数；$S_{e,s}$ 为能量源项；β 为激光反射率；α 为激光吸收系数；I_0 为激光光强；$T_s(L_{s\text{-}c})$ 为固体-气泡界面层的温度；L_0 为推进剂的初始长度；$L_{f\text{-}g}$ 为气泡层长度。

激光光强由激光器本身性质决定，不同类型的激光器，激光光强的时间分布具有不同形式。本模型以氦氖激光器为研究对象，其光强与时间满足

$$I_0 = I_{peak}\left(\frac{t}{t_{max}}\right)^7 \exp\left(7 - 7\frac{t}{t_{max}}\right) \tag{5-5}$$

其中，I_{peak} 为激光光强的峰值；t_{max} 为激光光强达到峰值的时间。

　　固体层的密度、比热容、导热系数、激光反射率和激光吸收系数可以由式(5-6)～式(5-10)求解获得[14,15,39]，即

$$\rho_{\mathrm{s}} = \cfrac{1}{\cfrac{x_{\mathrm{s,Al}}}{\rho_{\mathrm{Al}}} + \cfrac{x_{\mathrm{s,PTFE}}}{\rho_{\mathrm{PTFE}}}} \tag{5-6}$$

$$c_{\mathrm{p,s}} = x_{\mathrm{s,Al}}c_{\mathrm{p,Al}} + x_{\mathrm{s,PTFE}}c_{\mathrm{p,PTFE}} \tag{5-7}$$

$$\lambda_{\mathrm{s}} = \lambda_{\mathrm{s,PTFE}} \cfrac{2\left(\cfrac{\lambda_{\mathrm{Al}}}{\lambda_{\mathrm{PTFE}}} - 1\right)\varphi_{\mathrm{s,Al}} + \cfrac{\lambda_{\mathrm{Al}}}{\lambda_{\mathrm{PTFE}}} + 2}{\left(1 - \cfrac{\lambda_{\mathrm{Al}}}{\lambda_{\mathrm{PTFE}}}\right)\varphi_{\mathrm{s,Al}} + \cfrac{\lambda_{\mathrm{Al}}}{\lambda_{\mathrm{PTFE}}} + 2} \tag{5-8}$$

$$\alpha = \varphi_{\mathrm{s,Al}}\alpha_{\mathrm{Al}} + \varphi_{\mathrm{s,PTFE}}\alpha_{\mathrm{PTFE}} \tag{5-9}$$

$$\beta = \begin{cases} \varphi_{\mathrm{s,Al}}\beta_{\mathrm{Al}} + \varphi_{\mathrm{s,PTFE}}\beta_{\mathrm{PTFE}}, & T_{\mathrm{s}}(L) < T_{\mathrm{melt}} \\ \varphi_{\mathrm{f\text{-}g,Al}}\beta_{\mathrm{Al}} + \varphi_{\mathrm{f\text{-}g,PTFE}}\beta_{\mathrm{PTFE}}, & \text{其他} \end{cases} \tag{5-10}$$

其中，ρ_{Al} 为铝的密度；ρ_{PTFE} 为聚四氟乙烯的密度；$x_{\mathrm{s,Al}}$ 为固体层中铝组元的质量分数；$x_{\mathrm{s,PTFE}}$ 为固体层中聚四氟乙烯组元的质量分数；$c_{\mathrm{p,Al}}$ 为铝的比热容；$c_{\mathrm{p,PTFE}}$ 为聚四氟乙烯的比热容；$\varphi_{\mathrm{s,Al}}$ 为固体层中铝组元的体积分数；$\varphi_{\mathrm{s,PTFE}}$ 为固体层中聚四氟乙烯组元的体积分数；α_{Al} 为铝的激光反射系数；β_{PTFE} 为聚四氟乙烯的激光反射系数；$\varphi_{\mathrm{f\text{-}g,Al}}$ 为固体-气泡界面层处铝的体积分数；$\varphi_{\mathrm{f\text{-}g,PTFE}}$ 为固体-气泡界面层处聚四氟乙烯的体积分数。

　　固体层的初始条件和边界条件分别为[16,35]

$$T_{\mathrm{s}}\big|_{t=0} = T_0 \tag{5-11}$$

$$\left.\frac{\partial T_{\mathrm{s}}}{\partial L_{\mathrm{s}}}\right|_{L_{\mathrm{s}}=0} = 0 \quad \left.\frac{\partial T_{\mathrm{s}}}{\partial L_{\mathrm{s}}}\right|_{L_{\mathrm{s}}=0} = 0 \tag{5-12}$$

$$\begin{cases} \lambda_{\mathrm{s}}\dfrac{\partial T_{\mathrm{s}}}{\partial L_{\mathrm{s}}}\Big|_{L_x = L_{x\text{-}f}(t)} = 0, & T_{\mathrm{s}}(L_{\mathrm{s\text{-}c}}) < T_{\mathrm{melt}} \\ T_{\mathrm{s}}(L_{\mathrm{s\text{-}f}}) = T_{\mathrm{melt}}, & \text{其他} \end{cases} \tag{5-13}$$

其中，T_0 为初始温度(300K)；T_{melt} 为聚四氟乙烯的熔融温度(600K)。

5.3.2　气泡层

　　气泡层的物理化学过程非常复杂，涉及相变、分解、蒸发、气泡形成等反

应，以及气态组元、熔融态组元和固态组元之间的传热传质。这里采用基于空间体平均方法的多相流体动力学模型表征气泡层中的动态过程[37,39]。忽略气泡层中的质量扩散，并且将固态铝颗粒和熔融态聚四氟乙烯视为液态溶液，此时液态溶液和气泡的守恒方程可表示为以下形式[16,35-37,39,41-45]。

1. 质量守恒方程

$$\frac{\partial}{\partial t}\big[\varphi_b \rho_b + (1-\varphi_b)\rho_l\big] + \frac{\partial}{\partial L_f}\big[\varphi_b \rho_b u_b + (1-\varphi_b)\rho_l u_l\big] = 0 \qquad (5\text{-}14)$$

其中，φ_b 为气泡的体积分数；ρ_b 为气泡的体积；u_b 为气泡的速度；ρ_l 为液态溶液的密度；L_f 为气泡层的长度；u_l 为液态溶液的速度。

2. 液态溶液质量守恒方程

$$\frac{\partial}{\partial t}\big[(1-\varphi_b)\rho_l\big] = -\frac{\partial}{\partial L_f}\big[(1-\varphi_b)\rho_l u_l\big] + S_{m,l} \qquad (5\text{-}15)$$

其中，$S_{m,l}$ 为液态溶液中的质量源速率。

3. 液态溶液组分守恒方程

$$\frac{\partial}{\partial t}\big[(1-\varphi_b)Y_{li}\big] = -\frac{\partial}{\partial L_f}\big[(1-\varphi_b)Y_{li}u_l\big] + S_{m,li} \qquad (5\text{-}16)$$

其中，Y_{li} 为液态溶液中组元 i 的质量分数；$S_{m,li}$ 为液态溶液中组元 i 的质量源速率。

4. 气泡质量守恒方程

$$\frac{\partial}{\partial t}(\varphi_b \rho_b) = -\frac{\partial}{\partial L_f}(\varphi_b \rho_b u_b) + S_{m,b} \qquad (5\text{-}17)$$

其中，$S_{m,b}$ 为气泡的质量源速率。

5. 能量守恒方程

$$\overline{\rho}_f \overline{c}_{p,f}\frac{\partial T_f}{\partial t} = \frac{\partial P_f}{\partial t} - \overline{\rho}_f u_f \overline{c}_{p,f}\frac{\partial T_f}{\partial L_f} + \frac{\partial}{\partial L_f}\left(\lambda_f \frac{\partial T_f}{\partial L_f}\right) + S_{e,f} \qquad (5\text{-}18)$$

$$S_{e,f} = S_p + S_{laser} \qquad (5\text{-}19)$$

$$S_{laser} = (1-\beta)\alpha I_0 \exp\big(-\alpha(L_{f\text{-}g} - L_f(t))\big) \qquad (5\text{-}20)$$

$$S_p = w_{Rf} \Delta H_{Rf} \tag{5-21}$$

其中，$\bar{\rho}_f$ 为气泡层的密度；P_f 为气泡层的压力；$\bar{c}_f$ 为气泡层的比热容；T_f 为气泡层的温度；u_f 为气泡层的速度；λ_f 为气泡层的导热系数；$S_{e,f}$ 为气泡层的质量源速率；S_p 为分解反应产生的热流；S_{laser} 为激光沉积产生的热流；w_{Rf} 为气泡层的反应速率；ΔH_{Rf} 为反应焓。

固体-气泡界面层的边界条件为

$$T_s(L_{s\text{-}f}) = T_f(L_{s\text{-}f}) = T_{melt} \tag{5-22}$$

$$\varphi_b(L_{s\text{-}f}) = 0 \tag{5-23}$$

其中，$T_s(L_{s\text{-}f})$ 为固体层中固体-气泡分界面处的温度；$T_f(L_{s\text{-}f})$ 为气泡层中固体-气泡分界面处的温度；$\varphi_b(L_{s\text{-}f})$ 为固体-气泡分界面处气泡体积分数。

在上述控制方程中，气泡层的密度、比热容、导热系数可以由式(5-24)～式(5-28)计算获得[37,39]，即

$$\bar{\rho}_f \bar{c}_{p,f} = \varphi_b \rho_b c_{p,b} + (1 - \varphi_b) \rho_l c_{p,l} \tag{5-24}$$

$$\bar{\rho}_f u_f \bar{c}_{p,f} = \varphi_b \rho_b u_b c_{p,b} + (1 - \varphi_b) \rho_l c_{p,l} u_l \tag{5-25}$$

$$\lambda_f = \frac{\varphi_b \rho_b u_b \lambda_b + (1 - \varphi_b) \rho_l u_l \lambda_l}{\varphi_b \rho_b u_b + (1 - \varphi_b) \rho_l u_l} \tag{5-26}$$

$$c_{p,l} = \sum_{i=1} c_{p,li} Y_{li} \tag{5-27}$$

$$\lambda_i = \sum_{i=1} \lambda_{li} Y_{li} \tag{5-28}$$

其中，$c_{p,b}$ 为气泡的密度；$c_{p,l}$ 为液体溶液的比热容；λ_b 为气泡的导热系数；λ_l 为液体溶液的导热系数；$c_{p,li}$ 为液体溶液中组元 i 的比热容；λ_{li} 为液体溶液中组元 i 的导热系数；Y_{li} 为液体溶液中组元 i 的质量分数。

守恒方程中质量和能量源速率取决于气泡层中化学反应动力学过程。如前所述，气泡层只发生聚四氟乙烯基质的热分解反应，聚四氟乙烯在真空中一级分解反应相关化学反应动力学参数如表 5-2 所示。基于分解反应 R_f，气泡层中各组元的质量源项如表 5-3 所示。在表 5-2 中，A 表示反应的指前因子，E 表示活化能，ΔH 表示反应焓，S 表示质量源速率。表 5-3 和式(5-21)中的反应速率 w_{Rf} 由式(5-29)求解获得，即

$$w_{Rf} = (1 - \varphi_b) A_{Rf} \exp\left(\frac{-E_{Rf}}{RT_f}\right) \rho_l Y_{l1} \tag{5-29}$$

其中，R 为理想气体常数；A_{Rf} 为分解反应 R_f 的指前因子；E_{Rf} 为分解反应 R_f

的活化能。

表 5-2　聚四氟乙烯在真空中一级分解反应相关化学反应动力学参数

代号	化学反应式	A/s^{-1}	$E/(J/mol)$	$\Delta H/(J/kg)$
R_f	$(C_2F_4)_n \rightarrow nC_2F_4$	3.1×10^{19}	3.076×10^5	1.58×10^6
R_g	$4Al+3C_2F_4 \rightarrow 4AlF_3+6C$	3.57×10^8	2.08×10^5	8.6×10^6

表 5-3　气泡层中各组元的质量源项

编号	组元	质量源速率 S
1	PTFE	$S_{m,c1}=-w_{Rf}$
2	C_2F_4	$S_{m,b1}=nw_{Rf}$
3	Al	$S_{m,c2}=0$

5.3.3　移动界面层

固体-气泡界面层和气泡-气体界面层的位置随着烧蚀过程的进行而连续移动。气泡-气体界面层亦为推进剂的烧蚀表面，因此气泡-气体界面层的移动速度也被定义为烧蚀表面退缩速度。

根据固体-气泡界面层的能量守恒，固体-气泡界面层移动速度为[16,35,46]

$$v_{s\text{-}f} = \frac{\partial L_{s\text{-}f}}{\partial t} = -\frac{\lambda_f \left.\frac{\partial T_f}{\partial L_f}\right|_{L_{s\text{-}f}} - \lambda_s \left.\frac{\partial T_s}{\partial L_s}\right|_{L_{s\text{-}f}}}{\rho_s \Delta H_{melt}} \tag{5-30}$$

其中，$v_{s\text{-}f}$ 为固体-气泡界面层移动速度；ΔH_{melt} 为相变潜热。

聚四氟乙烯分解反应生成四氟乙烯气泡，气泡和铝颗粒从烧蚀表面进入气体层。因此，烧蚀表面处四氟乙烯的质量流量可通过气泡层内的分解反应速率求得[47]，即

$$\dot{m}_{C_2F_4} = -\dot{m}_{PTFE} = \int_{L_{s\text{-}f}}^{L_{f\text{-}g}} w_{Rf} dL_f \tag{5-31}$$

其中，$\dot{m}_{C_2F_4}$ 为四氟乙烯的质量流量；$\dot{m}_{PTFE}$ 为聚四氟乙烯的质量流量。

根据聚四氟乙烯的质量流量，烧蚀表面的总质量流量和烧蚀表面退缩速度可由式(5-32)～式(5-34)求得[47]，即

$$m \approx \frac{\dot{m}_{PTFE}}{\varphi_{PTFE}} \tag{5-32}$$

$$\frac{\partial L_{\text{f-g}}}{\partial t} = -\frac{\dot{m}}{\rho_{\text{f}}} \tag{5-33}$$

$$v_{\text{s}} = v_{\text{f-g}} = -\frac{\partial L_{\text{f-g}}}{\partial t} \tag{5-34}$$

其中，$\dot{m}$ 为烧蚀表面总质量流量；v_{s} 为烧蚀表面退缩速度。

根据烧蚀表面的热通量守恒方程，烧蚀表面的边界条件为

$$\lambda_{\text{f}} \frac{\partial T_{\text{f}}}{\partial L_{\text{f}}}\bigg|_{L_{\text{f}}=L_{\text{f-g}}} = \dot{m}c_{\text{p,sur}}T_{\text{sur}} + \dot{m}_{\text{PTFE}}H_{\text{v}} + q_{\text{ac}} \tag{5-35}$$

$$q_{\text{ac}} = \frac{\int w_{\text{Rg}}\Delta H_{\text{Rg}}\text{d}t}{S_{\text{t}}} \tag{5-36}$$

其中，T_{sur} 为工质烧蚀表面温度；H_{v} 为聚四氟乙烯的单位质量解聚能；q_{ac} 为气体层化学反应生成的热流；S_{t} 为推进剂表面的横截面积。

5.4　数值求解方案

为了求解激光烧蚀复合推进剂的仿真模型，建立图 5-2 所示的数值求解方案。在仿真模型中，复合推进剂被划分为具有运动边界的固体层$(0, L_{\text{s-f}})$和气泡层$(L_{\text{s-f}}, L_{\text{f-g}})$。基于图 5-3 所示的坐标变换方法，将固体层和气泡层转换为具有固定边界的区域$(0,1)$，同时对模型变量和导数进行对应变换，但是保留不同区域之间界面层的运动特性。在数值求解过程的每一个新的时间步中，首先利用守恒方程求解温度和各组元质量分数分布，进一步求解各界面层的移动速度、烧蚀表面退缩速度和质量流量。然后，基于界面层的移动速度追踪界面层的运动，重新计算各区域的长度，并且在新的坐标系下重新划分网格，更新其在新坐标系下的边界条件和热源项。最后，求解固体层和气泡层的守恒方程，获得新时间步的解。

固体层和气泡层的求解过程略有不同。在固体层的求解中，首先将上一个时间步获得的温度和烧蚀深度映射到新的网格中，且更新热源和热物性参数；然后将网格点在上一个时间步的温度视为当前时间步的初始条件，采用有限体积法求解传热方程获得温度分布。对于气泡层守恒方程的求解，首先根据上一时间步获得的烧蚀深度、各组元的质量分数和温度分布更新其在新时间步的热源、质量生成量和温度相关的热物性参数，然后采用四阶 Runge-Kutta 方

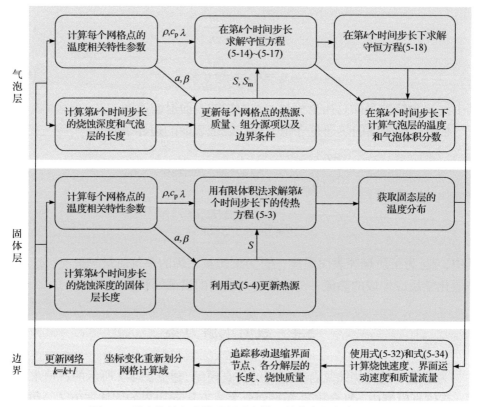

图 5-2　激光烧蚀复合推进剂动态模型数值求解方案流程图

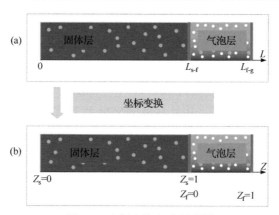

图 5-3　坐标变换方法示意图

法求解组分守恒方程获得当前时间步的各组元的质量分数，最后将各组元的质量分数导入能量守恒方程，求得当前时间步的温度分布。

5.4.1 坐标变换

作为一个动态过程，固体层和气泡层的长度将随着烧蚀过程而变化，固体-气泡界面层和气泡-气体界面层也随烧蚀过程而移动。采用图 5-3 所示的坐标变换方法，可将固体层和气泡层的坐标转换为 0-1 的固定坐标，移动的界面层将被转换为 0 或 1 的固定边界层[16,35,36]。坐标变换方法的具体步骤如下所述。

对于常规的水平坐标系，固体层和气泡层都可表示为

$$L_q(t) \in \left[L_p(t), L_{p+1}(t) \right], \quad q = \{s, f\} \tag{5-37}$$

$$\begin{cases} p = \{\text{o-s}, \text{s-f}, \text{f-g}\} \\ L_{\text{o-s}}(t) = 0 \\ L_{\text{f-g}}(t = 0) = L_0 \end{cases} \tag{5-38}$$

在任意时间步中，固体层和气泡层都可表示为式(5-37)和式(5-38)所示的形式。采用式(5-39)和式(5-40)所表示的坐标变换方法，可将固体层和气泡层由旧坐标系(图 5-3(a))转换为新坐标系(图 5-3(b))。此时，固体层和气泡层在新坐标系中都可表示为

$$\tau = t \tag{5-39}$$

$$Z_q(\tau) = \frac{L_q(t) - L_p(t)}{L_{p+1}(t) - L_p(t)} \tag{5-40}$$

$$L_q(t) \in \left[L_p(t), L_{p+1}(t) \right] \to \forall Z_q(\tau) \in [0,1] \tag{5-41}$$

根据链式法则，新坐标系中的变量 (ξ) 及其对时间和空间的导数将转换为式(5-42)～式(5-45)所示的形式，即

$$\xi_q(L_q, t) \to \xi_q(Z_q, \tau) \tag{5-42}$$

$$\frac{\partial \xi_q}{\partial L_q} = \frac{1}{L_{p+1} - L_p} \frac{\partial \xi_q}{\partial Z_q} \tag{5-43}$$

$$\frac{\partial^2 \xi_q}{\partial L_q^2} = \frac{1}{(L_{p+1} - L_p)^2} \frac{\partial^2 \xi_q}{\partial Z_q^2} \tag{5-44}$$

$$\frac{\partial \xi_q}{\partial t} = \frac{\partial \xi_q}{\partial \tau} - \frac{\partial \xi_q}{\partial Z_q} \left[\frac{1}{L_{p+1} - L_p} \frac{\partial L_p}{\partial t} + \frac{Z_q}{L_{p+1} - L_p} \left(\frac{\partial L_{p+1}}{\partial t} - \frac{\partial L_p}{\partial t} \right) \right] \tag{5-45}$$

5.4.2 界面层位置追踪和不同区域长度计算

基于界面层的体积分数和温度，可根据式(5-30)～式(5-34)求解固体-气泡界面层和气泡-气体界面层的移动速度。根据界面层的移动速度，在每个新的时间步中，两个界面层的位置分别为

$$(L_{f\text{-}g})^{k+1} = (L_{f\text{-}g})^{k} - v_{f\text{-}g} \cdot \Delta t \tag{5-46}$$

$$(L_{s\text{-}f})^{k+1} = (L_{s\text{-}f})^{k} - v_{s\text{-}f} \cdot \Delta t \tag{5-47}$$

其中，k 为时间步数；Δt 为时间步长。

固体层和气泡层在新时间步中的长度为

$$(l_s)^{k+1} = (L_{s\text{-}f})^{k+1} - 0 \tag{5-48}$$

$$(l_f)^{k+1} = (L_{f\text{-}g})^{k+1} - (L_{s\text{-}f})^{k+1} \tag{5-49}$$

其中，l_s 为固体层的长度；l_f 为气泡层的长度。

当激光停止辐射复合推进剂时，复合推进剂表面的烧蚀深度为

$$D_e = L_0 - (L_{f\text{-}g})^{n} \tag{5-50}$$

其中，D_e 为烧蚀深度；$(L_{f\text{-}g})^{n}$ 为激光停止辐射复合推进剂时气泡-气体界面层的坐标。

采用式(5-32)可求解烧蚀表面的总质量流量，进而根据式(5-51)求解在新的时间步的烧蚀质量，即

$$m^{k+1} = m^{k} + \dot{m}^{k} \Delta t \tag{5-51}$$

5.4.3 网格划分

界面层的位置随着烧蚀过程不停移动，固体层和气泡层的长度也不停改变，计算区域也需要在每个时间步中重新划分网格。为了平衡数值求解的精度和计算花费，靠近界面层的区域选用细网格，远离界面层的区域选用粗网格。因此，在新坐标系中的固体层和气泡层分别采用等比数列划分网格，等比系数分别为 q_1 和 q_2。假设网格在固体层的长度为 $\Delta \eta_i$，那么所有网格在固体层的长度总和等于 1，且满足式(5-52)，即

$$\Delta \eta_1 + \Delta \eta_2 + \Delta \eta_3 + \cdots + \Delta \eta_{n_1} = 1$$
$$\Delta \eta_1 + q_1 \Delta \eta_1 + q_1^2 \Delta \eta_1 + \cdots + q_1^{n_1-1} \Delta \eta_1 = 1 \tag{5-52}$$

对于一个给定的等比系数 q_1，其最小网格长度为

$$\Delta \eta_1 = \frac{1-q_1}{1-q_1^{n_1}} \tag{5-53}$$

与固体层网格类似，气泡层网格的生成与上述步骤类似。

5.4.4 热物性参数和热源更新

材料的密度、导热系数、比热容和气化潜热等参数都会随着温度的改变而改变。复合推进剂由铝掺杂剂和聚四氟乙烯基质制成，复合推进剂的热物性参数与铝、聚四氟乙烯和四氟乙烯的热物性参数息息相关。表 5-4、表 5-5 和表 5-6 分别给出了数值模拟中聚四氟乙烯、铝和四氟乙烯的相关热物性参数和光学参数。

表 5-4 聚四氟乙烯热物性参数和光学参数[47, 48]

参数类型	数值	温度	单位
熔点	$T_m=600$	—	K
密度	$\rho_{PTFE}=2119+0.792T-0.002105T^2$	$300K \leqslant T \leqslant T_m$	kg/m³
	$\rho_{PTFE}=2070-0.7T$	$T>T_m$	kg/m³
比热	$c_{p,PTFE}=1.563T+514.97$	$300K \leqslant T \leqslant T_m$	J/(kg·K)
	$c_{p,PTFE}=0.653T+904.35$	$T>T_m$	J/(kg·K)
导热系数	$\lambda_{PTFE}=7.37\times10^{-4}T$	$300K \leqslant T \leqslant T_m$	W/(m·K)
	$\lambda_{PTFE}=5.82\times10^{-7}T^2-1.398\times10^{-3}T+0.8809$	$T>T_m$	W/(m·K)
相变潜热	$\Delta H_{melt}=5.86\times10^4$	—	J/kg
解聚能	$H_v=1.58\times10^6$	—	J/kg
反射率	$\beta=0.1$	—	
吸收系数	$\alpha_{PTFE}=5.6\times10^{-4}$	$300K \leqslant T \leqslant T_m$	m⁻¹
	$\alpha_{PTFE}=2.2\times10^{-3}$	$T>T_m$	m⁻¹

表 5-5 铝热物性参数和光学参数[46,49,50]

参数类型	数值	温度	单位
熔点	$T_{m\text{-}Al}=933$		K
临界温度	$T_{c\text{-}Al}=8860$		K
临界密度	$\rho_{c\text{-}Al}=300$		kg/m³
密度	$\rho_{Al}=2700$	$T \leqslant T_{m\text{-}Al}$	kg/m³
	$\rho_{Al}=\rho_{c\text{-}Al}[1+0.75(1-T/T_{c\text{-}Al})+3(1-T/T_{c\text{-}Al})^{1/3}]$	$T_{m\text{-}Al}<T \leqslant T_{c\text{-}Al}$	kg/m³

参数类型	数值	温度	单位
比热容	$c_{p\text{-}Al}=0.5203T+643.9$	$T \leqslant T_{m\text{-}Al}$	J/(kg·K)
	$c_{p\text{-}Al}=1160$	$T_{m\text{-}Al} < T \leqslant T_{c\text{-}Al}$	J/(kg·K)
导热系数	$\lambda_{Al}=226.67+0.033T$	$T \leqslant 400K$	W/(m·K)
	$\lambda_{Al}=226.67-0.055T$	$400K < T \leqslant T_{m\text{-}Al}$	W/(m·K)
	$\lambda_{Al}=2.45T/(12.4729+0.01361T)$	$T_{m\text{-}Al} < T \leqslant T_{c\text{-}Al}$	W/(m·K)
反射率	$\beta_{Al}=0.956^*$	$T \leqslant T_{m\text{-}Al}$	
	$\beta_{Al}=3.81\times10^{-9}T^2-4.685\times10^{-5}T+0.9245^*$	$T_{m\text{-}Al} < T \leqslant T_{c\text{-}Al}$	
吸收系数	$\alpha_{Al}=1.23^*$	$T \leqslant T_{m\text{-}Al}$	$10^8 m^{-1}$
	$\alpha_{Al}=2.23\times10^{-8}T^2-2.609\times10^{-4}T+1.59202^*$	$T_{m\text{-}Al} < T \leqslant T_{c\text{-}Al}$	$10^8 m^{-1}$

* 处于波长为 1064 nm 的激光下得到的结果。

表 5-6　四氟乙烯热物性参数[51,52]

参数类型	数值	温度	单位
密度	$\rho_{C2F4}=1.29\times10^{-7}T^2-9.43\times10^{-4}T+1.86534$	—	kg/m³
比热容	$c_{p\text{-}C2F4}=2.58\times10^{-4}T^2-3.16T+1120$	$T \leqslant 2000K$	J/(kg·K)
	$c_{p\text{-}C2F4}=4.73\times10^{-6}T^3-1.902\times10^{-2}T^2+2.357T-7582.7$	$T > 2000K$	J/(kg·K)
导热系数	$\lambda_{C2F4}=2.33\times10^{-8}T^2+2.98\times10^{-5}T+0.02294$	$T \leqslant 2000K$	W/(m·K)
	$\lambda_{C2F4}=8.12\times10^{-10}T^3-1.4\times10^{-6}T^2+4.47\times10^{-3}T-8.29$	$T > 2000K$	W/(m·K)

在新的时间步中,根据先前时间步获得的温度分布,更新此温度下各物质的物性参数。随后,基于烧蚀深度、温度分布和物性参数,重新计算由激光和化学反应引起的热流大小。

5.4.5　守恒方程求解

固体层不考虑化学反应对传热的影响,直接采用有限体积法求解热传导方程(5-3)即可获得固体层的温度分布。在气泡层的守恒方程求解过程中,首先根据上一时间步获得的烧蚀深度、各组元的质量分数和温度分布,更新在新时间步的热源、质量生成量和温度相关的热物性参数;然后,采用四阶 Runge-Kutta 方法,求解组分守恒方程,获得当前时间步的各组元的质量分数;最后,将各组元的质量分数导入能量守恒方程,求得当前时间步的温度分布。

5.4.6 仿真区域、网格大小和计算时长

推进剂的初始长度为 20μm，铝的初始质量分数为 26.5%。固体层网格的等比系数 q_1 为 1.005，网格数为 200；气泡层网格的等比系数 q_2 为 1，网格数为 400。在仿真计算中，通过坐标变换可生成 600 个有限体积元，数值求解过程中网格单元的总数不变，网格单元的尺寸实时变化。计算时长与激光脉宽时间相等，时间步长设置为 0.01ps。

5.5　仿真结果分析与讨论

5.5.1 数值模型验证

为了验证模型的准确性，将数值模拟获得的烧蚀深度与实验测量值对比。图 5-4 比较了激光能量密度分别为 63.7J/m²、94.3J/m²、127.0J/m²、159.8J/m²、191.0J/m²、226.7J/m² 和 259.4J/m²，激光脉宽为 8ns 时激光烧蚀复合推进剂造成烧蚀深度的仿真结果与实验结果[41]。由图可知，仿真结果与实验结果吻合较好，两者之间的最大偏差低于 10%，表明数值模型可准确模拟激光和复合推进剂之间的动态反应过程。除了测量的误差，仿真结果和实验结果之间的偏差来源可能包含三方面。一是，实验难以保证绝对真空的环境，仍存在一定的空气，这会与推进剂发生氧化还原反应生成更多热量促进烧蚀。二是，仿真认为聚四氟乙烯的分解是烧蚀的原因，而铝颗粒不被烧蚀，但是当推

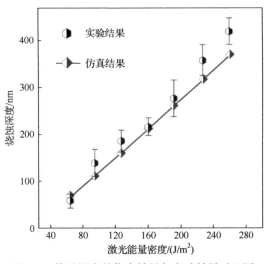

图 5-4　烧蚀深度的仿真结果与实验结果对比图

进剂处于大激光能量密度下时，铝颗粒也会被烧蚀。三是，推进剂的表面粗糙度和烧蚀产物回流，影响烧蚀深度的测量值。

为了进一步验证模型的有效性，同时比较当铝含量为 0 时的复合推进剂(此时亦为纯聚四氟乙烯材料)温度分布的数值模拟解和理论解析解[47]。在图 5-5(a)中，边界条件设置为 600K 的恒定温度边界条件，初始温度为 300K。在图 5-5(b)中，边界条件设置为式(5-35)所示的恒定热通量边界条件，并且因铝含量为 0，q_{ac} 也为 0。由图可知，数值模拟解和理论解析解之间的偏差很小，验证了数值模型的正确性。

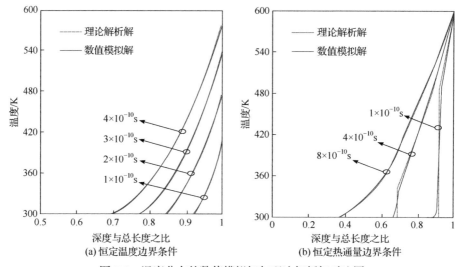

图 5-5　温度分布的数值模拟解与理论解析解对比图

在本章构建的数值模型中，假设激光烧蚀复合推进剂过程中的热源项为激光沉积热量、推进剂内部聚四氟乙烯分解热，以及由铝和四氟乙烯反应导致的推进剂表面热流三者之和。为了证明这种假设的合理性，进一步把数值模型的结果与采用不同假设的其他仿真案例结果对比。在案例Ⅰ中，只考虑聚四氟乙烯的分解反应而忽略了铝和气态产物之间的反应热。在案例Ⅱ中，假设铝与聚四氟乙烯直接反应，化学反应式为

$$4n\mathrm{Al} + 3(\mathrm{C_2F_4})_n \rightleftharpoons 4n\mathrm{AlF_3} + 6n\mathrm{C} + Q \qquad (5\text{-}54)$$

反应热将被视为推进剂内部热流[15]。图 5-6 比较了基于本章构建的数值模型、案例Ⅰ和案例Ⅱ仿真获得的烧蚀深度。在案例Ⅰ中，仅考虑聚合物的分解热而忽略铝和分解产物之间的化学反应，而实际过程中，铝和分解产物的反应热是促进推进剂表面烧蚀的原因之一。因此，案例Ⅰ没有考虑反应热对烧蚀

过程的影响,所以其烧蚀深度低于实验值。在案例Ⅱ中,假设铝和聚四氟乙烯直接反应,反应热在推进剂内部直接生成,而实际过程中,铝并非与聚四氟乙烯直接反应而是与聚四氟乙烯分解的气态产物发生化学反应[25,32-34,53]。因此,案例Ⅱ中把反应热视为内热源,导致仿真中推进剂内部能量大于实际值,进而导致烧蚀深度也大于实验结果。

由图 5-6 中数据可得,与案例Ⅰ和案例Ⅱ的结果相比,数值模型仿真求得的烧蚀深度更接近实验结果。这表明,与案例Ⅰ和案例Ⅱ采用的假设相比,数值模型中关于热源的假设更接近激光烧蚀复合推进剂的实际过程。

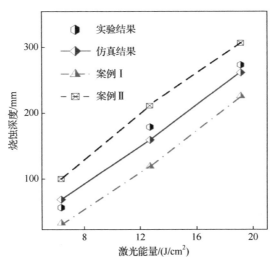

图 5-6　数值模型、案例Ⅰ和案例Ⅱ的烧蚀深度对比图

5.5.2　数值模型误差计算

采用不同网格数量和时间步长的仿真结果如图 5-7 所示。在图 5-7(a)中,n_1 和 n_2 分别表示固体层和气泡层的网格数量。当网格数量大于 200+400,以及时间步长小于 0.01ps 时,网格数量和时间步长对仿真结果的影响可忽略不计。

假设最大允许误差为 5%,基于 5.3.2 节的数值模型误差估算方法,表 5-7 列出了采用不同网格数量和时间步长时,数值模型的累积误差和求解时长。由表中结果可知,网格数量越多或者时间步长越大,数值计算的总累积误差越小。但是,过多的网格数量会耗费更多的计算时间,而过大的时间步长却难以追踪数值结果动态变化的细节。因此,综合考虑计算精度、求解时长和细节特征等因素,数值模拟中网格数量设置为 200(固体层)+400(气泡层),时间步长设置为 0.01ps。

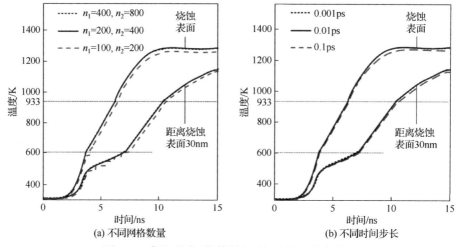

图 5-7　采用不同网格数量和时间步长的仿真结果

表 5-7　不同网格数量和时间步长的累积误差和求解时长

网格数量	时间步长/ps	仿真时长/ns	总时间步数	总累积误差	求解时长/min
100 + 200	0.01	15	1.5×10^6	1.36	~10
200 + 400	0.01	15	1.5×10^6	0.34	~50
300 + 800	0.01	15	1.5×10^6	0.10	~180
200 + 400	0.1	15	1.5×10^5	0.11	~4
200 + 400	0.001	15	1.5×10^7	1.08	~300

5.5.3　分析与讨论

当激光能量密度为 $53.5 \mathrm{J/m^2}$，激光脉宽时间为 15ns 时，复合推进剂的温度特征如图 5-8～图 5-10 所示。

如图 5-8 所示，烧蚀表面首先保持室温 300K 持续 1ns，然后温度开始持续上升，并且在 3.73ns 到达聚四氟乙烯的相变温度 600K，最后烧蚀温度持续增长到峰值 1300K 后保持稳定。不同位置的温度演化趋势大致相等，但是当烧蚀表面在 3.73ns 发生相变时，由于边界条件的改变，各位置的温度增长率略有下降，并且烧蚀表面温度迅速升高，而推进剂内部的温度增长较慢。当烧蚀表面温度达到 1300K 保持稳定时，推进剂内部的温度将持续上升。另外，不同位置的温度变化曲线都在温度为 600K 和 900K 时具有两个明显的拐点。这是因为在这两个温度下聚四氟乙烯和铝先后发生相变，边界条件和热物性参数瞬间发生改变。

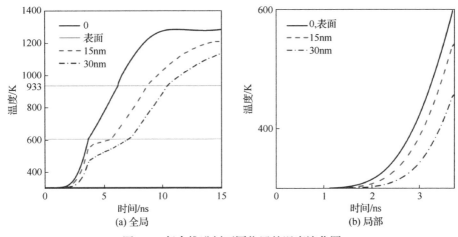

图 5-8　复合推进剂不同位置的温度演化图

如图 5-9 所示，在激光烧蚀推进剂的过程中，温度演化区域仅出现在烧蚀表面附近，其与烧蚀表面的距离小于 0.5μm，而其他区域的温度均处于初始温度。另外，图 5-9 中的温度分布曲线在温度为 600K 和 933K 的位置，同样出现两个因聚四氟乙烯和铝的相变导致的拐点。

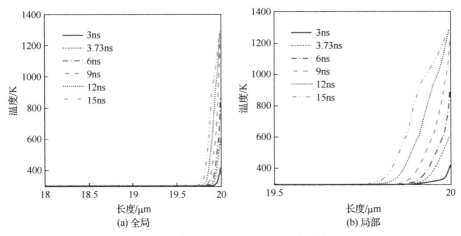

图 5-9　复合推进剂不同时刻的温度分布图

固体-气泡界面层移动速度和烧蚀表面退缩速度(气泡-气体界面层移动速度)随烧蚀时间变化情况如图 5-10 所示。在相变之前，固体-气泡界面层速度保持为 0。当烧蚀表面温度在 3.73ns 增长到 600 K 时，推进剂开始相变，固体-气泡界面层速度迅速增加到–38m/s 再逐渐下降到最小值–6m/s，之后界面层速度继续增长到–13m/s，并且保持稳定。烧蚀表面退缩速度在 8ns 之前始终为 0，当烧蚀表面温度上升到 1000K 左右时，烧蚀表面退缩速度开始稳定增长。

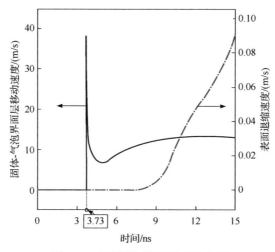

图 5-10　不同界面层的速度变化图

图 5-11～图 5-13 比较了复合推进剂处于不同激光能量密度(42.8J/m²、48.2J/m² 和 53.5J/m²)下的仿真结果。

复合推进剂处于不同激光能量密度下的温度分布情况如图 5-11 所示。由图可知，不同能量密度的激光烧蚀复合推进剂时，固体层的温度分布情况几乎完全一致，气泡层形成的时刻也近似相等。但是，在气泡层形成后，复合推进剂处于不同激光能量密度下温度分布差值逐渐变大。激光能量密度越大，气泡层的温度越高。当烧蚀表面温度到达峰值保持稳定后，处于不同激光能量密度下推进剂气泡层的温差将持续变大。因此，增大激光能量密度，可增大气泡层的温度，但是固体层的温度几乎不受影响。

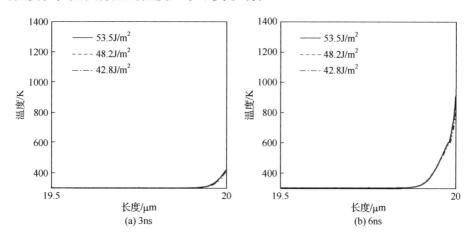

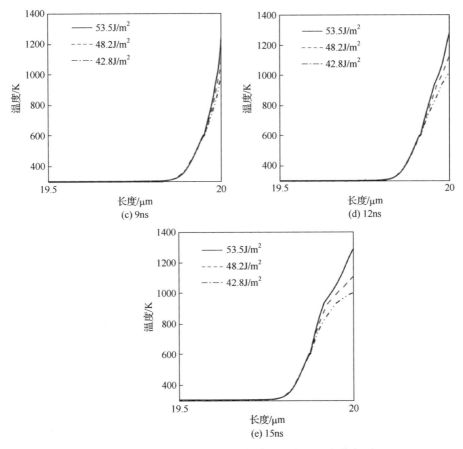

图 5-11　不同激光能量密度下复合推进剂的温度分布图

如图 5-12 所示，复合推进剂处于不同激光能量密度下，烧蚀表面温度随时间变化趋势基本相同，其先保持静止，然后持续增长到最大值后略有下降再保持稳定，且烧蚀表面温度在相变温度(600K)之前数值近似相等。当推进剂开始相变生成气泡层后，处于不同激光能量密度下的烧蚀表面温差越来越大。激光能量密度越大，烧蚀表面温度的峰值越大，并且达到峰值的时间越长。

图 5-13 比较了不同激光能量密度下的固体-气泡界面层移动速度。尽管增大激光能量密度可提高界面层移动速度，促进推进剂更早发生相变，但是不同激光能量密度下界面层移动速度变化趋势相同，并且在烧蚀后期界面层移动速度的数值大致相等。

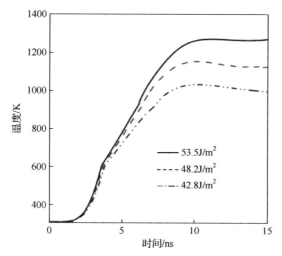

图 5-12　不同激光能量密度下烧蚀表面温度演化图

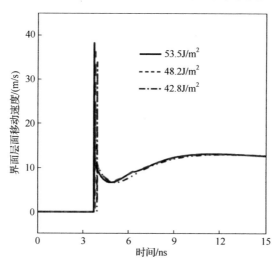

图 5-13　不同激光能量密度下界面层移动速度变化图

5.6　本　章　小　结

　　本章以铝掺杂聚四氟乙烯的复合推进剂为研究对象，从理论上分析激光和复合推进剂之间的相互反应机理，阐明激光烧蚀复合推进剂的多物理场工作特性，建立一个高保真动态数值模型，以表征激光和复合推进剂的相互作用。在数值模型中，复合推进剂的烧蚀过程被分为三个阶段和三个区域，充分考虑激光能量热沉积、聚合物分解、相变、移动边界和化学反应动力学等因素对烧蚀过程的影响，开发对应的数值求解策略追踪烧蚀表面退缩轮廓，预测温度分布和演化规律。与其他数值模型相比，采用本数值模型仿真获得的烧蚀深度更接近实验测量结果，验证相关假设的正确性和模型的先进性。

基于此数值模型，进一步探究复合推进剂烧蚀特性与激光能量密度的关系，发现以下结论。

(1) 不同能量密度的激光辐射复合推进剂时，烧蚀表面温度变化趋势大体相似，先静止一段时间后持续升高到峰值再保持稳定。

(2) 激光能量密度越大，烧蚀表面温度的峰值越大，且到达峰值耗费的时间越久。

(3) 处于不同激光能量密度下的复合推进剂固体层温度分布近似相同，且气泡层形成的时刻大致相等。

(4) 当烧蚀表面开始相变出现气泡层后，激光能量密度越大，气泡层的温度越高。在烧蚀表面温度达到峰值保持稳定后，处于不同激光能量密度下的气泡层温差进一步扩大。

(5) 提高激光能量密度可增大固体-气泡界面层移动速度，但是在烧蚀后期，处于不同激光能量密度下的固体-气泡界面层移动速度大致相等。

参 考 文 献

[1] Ou Y, Zhang Y, Wu J J, et al. Comparative study of PTFE filled different dopants as propellants for laser-electric hybrid thruster[J]. Acta Astronautica, 2021, 183: 199-210.

[2] Ou Y, Wu J J, Zhang Y. Effects of carbon, graphite, and graphene as propellant dopants in a laser-electric hybrid acceleration system[J]. Optics and Laser Technology, 2022, 151: 108007.

[3] Ou Y, Wu J J, Zhang Y. Design and experimental results of a laser-ignited solid-propellant-fed magnetoplasmadynamic thruster[J]. Review of Scientific Instruments, 2020, 91(7): 74501.

[4] 谭胜, 赵元政, 吴建军, 等. 激光支持的脉冲等离子体推力器工作过程实验研究[J]. 推进技术, 2022, 43(8): 434-445.

[5] 段卜仁, 章皓男, 华佐豪, 等. AN 基推进剂在脉冲激光辐照下的电场加速特性[J]. 推进技术, 2022, 43(11): 429-438.

[6] Ou Y, Wu J J, Zhang Y, et al. Comparative study of plume characteristics of polymeric propellants filled with different oxides for laser-electric hybrid thruster[J]. Optics and Laser Technology, 2022, 147: 107609.

[7] 谭胜. 激光支持脉冲等离子体推力器工作过程建模仿真与实验研究[D]. 长沙: 国防科技大学, 2020.

[8] 张宇. 激光烧蚀磁等离子体推力器工质烧蚀特性及推进性能理论与实验研究[D]. 长沙: 国防科技大学, 2018.

[9] Ou Y, Wu J J, Du X, et al. Experimental investigation on characteristics of pulsed plasma thrusters with the propellant samples of modified PTFE filled Si, Al and Al₂O₃[J]. Vacuum, 2019, 165: 163-171.

[10] 张华. 脉冲等离子体推力器工作过程及工质改性的理论和实验研究[D]. 长沙: 国防科技大学, 2016.

[11] 段兴跃, 李小康, 程谋森, 等. 激光烧蚀掺杂金属聚合物推力产生过程数值模拟[J]. 推进技术, 2017, 38(2): 257.

[12] 段兴跃, 李小康, 程谋森, 等. 激光烧蚀掺杂金属聚合物羽流屏蔽特性数值研究[J]. 物理学报, 2016, 65(19): 266-274.

[13] 段兴跃. 金属结构对激光烧蚀聚合物推进性能调控机理研究[D]. 长沙: 国防科技大学, 2016.

[14] Marla D, Zhang Y, Jabbari M, et al. A computational model for heterogeneous heating during pulsed laser irradiation of polymers doped with light-absorbing microparticles[J]. Applied Physics A, 2016, 122: 1042.

[15] Chen C, Tang E, Luo H W. Heat conduction and deflagration behavior of Al/PTFE induced by thermal shock wave under temperature gradient[J]. International Communications in Heat and Mass Transfer, 2020, 118: 104834.

[16] Vo T A, Jung M, Adams D, et al. Dynamic modeling and simulation of the combustion of aluminized solid propellant with HMX and GAP using moving boundary approach[J]. Combustion and Flame, 2020, 213: 409-425.

[17] Yarrington C D, Son S F, Foley T J. Combustion of silicon/teflon/viton and aluminum/teflon/viton energetic composites[J]. Journal of Propulsion and Power, 2010, 26(4): 734-743.

[18] Wang S F, Sun Z Y, Yang Y Q, et al. Near-infrared laser ablation of poly tetrafluoroethylene(teflon) sensitized by nanoenergetic materials[J]. Applied Physics Letters, 2004, 85: 1493.

[19] Valluri S K, Schoenitz M, Dreizin E. Fluorine-containing oxidizers for metal fuels in energetic formulations[J]. Defence Technology, 2019. 15(1): 1-22.

[20] Tang L, Ge C, Guo H G, et al. Force chains based mesoscale simulation on the dynamic response of Al-PTFE granular composites[J]. Defence Technology, 2020. 17(1): 56-63.

[21] Tang E, Luo H W, Han Y F, et al. Experimental study on burning of two Al/PTFE samples[J]. Applied Thermal Engineering, 2020, 180: 115857.

[22] Kappagantula K, Pantoya M L. Experimentally measured thermal transport properties of aluminum–polytetrafluoroethylene nanocomposites with graphene and carbon nanotube additives[J]. International Journal of Heat and Mass Transfer, 2012, 55: 817-824.

[23] Densmore J M, Biss M M, Homan B E, et al. Thermal imaging of nickel-aluminum and aluminum-polytetrafluoroethylene impact initiated combustion[J]. Journal of Applied Physics, 2012, 112: 84911.

[24] Conner R W, Dlott D D. Ultrafast condensed-phase emission from energetic composites of teflon and nanoaluminum[J]. Journal of Physical Chemistry A, 2020, 114: 6371-6741.

[25] Losada M, Chaudhuri S. Theoretical study of elementary steps in the reactions between aluminum and teflon fragments under combustive environments[J]. Journal of Physical Chemistry A, 2009,

113: 5933-5941.

[26] Zhou X Y, Xiao F, Yang R J, et al. Investigation of the ignition and combustion of compressed aluminum/polytetrafluoroethylene bulk composites[J]. Journal of Thermal Analysis and Calorimetry, 2020, 139: 3013-3021.

[27] Chen C, Tang E, Zhu W J, et al. Modified model of Al/PTFE projectile impact reaction energy release considering energy loss[J]. Experimental Thermal and Fluid Science, 2020, 116: 110132.

[28] Schmahl C S. Thermochemical and transport processes in pulsed plasma microthrusters: A two-temperature analysis[D]. Ohio: Ohio State University, 2002.

[29] Sonoda S, Henrikson E, Mikellides P. A high-temperature, thermal non-equilibrium thermochemical model for polytetrafluoroethylene[J]. International Journal of Thermophysics, 2011, 32: 1918-1941.

[30] Lewis E E, Naylor M A. Pyrolysis of polytetrafluoroethylene[J]. Checmical Industry and Engineering, 2008, 25(4): 314-318.

[31] Lewis E E, Naylor M A. Pyrolysis of polytetrafluoroethylene[J]. Journal of the American Chemical Society, 1947, 69(8): 1968-1970.

[32] 李玲琴. 金属氟聚物反应材料性能的研究[D]. 太原: 中北大学, 2015.

[33] 毛亮, 叶胜, 胡万翔, 等. 聚四氟乙烯基铝活性材料的热化学反应特性研究[J]. 兵工学报, 2020. 41(10): 1962-1969.

[34] 丁彤, 郭文灿, 旭张, 等. 激光烧蚀下不同颗粒度 Al-teflon 的反应行为[J]. 爆炸与冲击, 2019, 39(4): 21-26

[35] Vo N D, Jung M Y, Oh D H, et al. Moving boundary modeling for solid propellant combustion[J]. Combustion and Flame, 2018, 189: 12-23.

[36] Lee G H, Jung M Y, Yoo J C, et al. Dynamic simulation of ignition, combustion, and extinguishment processes of hmx/gap solid propellant in rocket motor using moving boundary approach[J]. Combustion and Flame, 2019, 201: 129-139.

[37] Yoon J, Thakre P, Yang V. Modeling of RDX/GAP/BTTN pseudo-propellant combustion[J]. Combustion and Flame, 2006, 145: 300-315.

[38] Yu Z S, Li Y C, Guo T, et al. Chemical reaction mechanism and mechanical response of PTFE/Al/TiH2 reactive composites[J]. Journal of Materials Engineering and Performance, 2019, 28: 7493-7501.

[39] Thakre P, Duan Y, Yang V. Modeling of ammonium dinitramide(ADN) monopropellant combustion with coupled condensed and gas phase kinetics[J]. Combustion and Flame, 2014, 161: 347-362.

[40] Wang Y Q, Zhupanska O I. Modeling of thermal response and ablation in laminated glass fiber reinforced polymer matrix composites due to lightning strike[J]. Applied Mathematical Modelling, 2018, 53: 118-131.

[41] Abidou D, Sarhan A, Yusoff N, et al. Numerical simulation of metal removal in laser drilling using meshless local petrov-galerkin collocation method[J]. Applied Mathematical Modelling, 2018, 56: 239-253.

[42] Xu H B, Hu J. Modeling of the material removal and heat affected zone formation in CFRP short

pulsed laser processing[J]. Applied Mathematical Modeling, 2017, 46: 354-364.

[43] Ahmmed M S, Huda N. Modelling laser-induced heat transfer phenomena of thin-films using openfoam[J]. Applied Mathematical Modeling, 2019, 71: 394-407.

[44] Lee H, Chen W, Chang W, et al. Numerical analysis of dual-phase-lag heat transfer for a moving finite medium subjected to laser heat source[J]. Applied Mathematical Modelling, 2016, 40: 4700-4711.

[45] Colombo R M, Guerra G, Herty M, et al. A hyperbolic model for the laser cutting process[J]. Applied Mathematical Modelling, 2013, 37: 7810-7821.

[46] Wang Y, Shen N, Befekadu G K, et al. Modeling pulsed laser ablation of aluminum with finite element analysis considering material moving front[J]. International Journal of Heat and Mass Transfer, 2017, 113: 1246-1253.

[47] Zhang Y, Zhang D X, Wu J J, et al. Non-Fourier heat conduction and phase transition in laser ablation of polytetrafluoroethylene(PTFE)[J]. Acta Astronautica, 2017, 140: 338-350.

[48] Arai N. Transient ablation of teflon in intense radiative and convective environments[J]. AIAA Journal, 1979, 17(6): 634-640.

[49] Zhang Y, Zhang D X, Wu J J, et al. A thermal model for nanosecond pulsed laser ablation of aluminum[J]. AIP Advances, 2017, 7: 75010.

[50] Wang Y, Befekadu G K, Ding H, et al. Uncertainty quantification for modeling pulsed laser ablation of aluminum considering uncertainty in the temperature-dependent absorption coefficient[J]. International Journal of Heat and Mass Transfer, 2018, 120: 515-522.

[51] Yang A J, Liu Y, Sun B W, et al. Thermodynamic properties and transport coefficients of high-temperature CO_2 thermal plasmas mixed with C_2F_4[J]. Journal of Physics D: Applied Physics, 2015, 48: 495202.

[52] Wang W Z, Wu Y, Rong M Z, et al. Theoretical computation of thermophysical properties of high-temperature F_2, CF_4, C_2F_2, C_2F_4, C_2F_6, C_3F_6 and C_3F_8 plasmas[J]. Journal of Physics D: Applied Physics, 2012, 45: 285201.

[53] Chen C, Gao R K, Guo K, et al. Thermoelectric behavior of Al/PTFE reactive materials induced by temperature gradient[J]. International Communications in Heat and Mass Transfer, 2021, 123: 105203.

第6章　激光支持脉冲等离子体推力器性能建模与仿真

6.1　引　　言

数值仿真作为 APPT 研究中的一个重要手段，相较实验具有成本低、周期短、参数获取容易等优点，在 APPT 的研究和设计中发挥着重要作用[1-3]。虽然目前精度更高的二维仿真模型[4,5]和三维仿真模型[6-8]已经在 APPT 上得到应用，但是其计算周期长、计算过程复杂且结果的准确度不高。为了缩短设计周期并降低成本，使用精度较低的一维机电模型用于 APPT 的数值仿真，仍然发挥着重要作用[2,3,9,10]。同时，由于外加磁场可有效提高推力器的性能[11]，因此研究外加磁场对推力器性能的影响具有重要意义。LAPPT 在后续的放电加速阶段与 APPT 存在许多相似之处，对 LAPPT 放电加速阶段的研究可以借鉴 APPT 的一些研究结果。因此，本章参考 APPT 的机电模型并结合 LAPPT 的特点，建立 LAPPT 性能仿真模型。

本章在 APPT 机电模型的基础上，建立带外加磁场的 LAPPT 工作过程仿真模型，并研究不同电参数、电流片初始状态参数、等离子体参数和外加磁场对推力器性能的影响，为后续推力器实验样机的设计和实验研究提供参考。

6.2　带外加磁场的机电模型

LAPPT 在后续的放电加速阶段与 APPT 存在许多相似之处，都是工质在放电电弧的作用下被电离，然后在洛伦兹力和气动力的共同作用下加速喷出。LAPPT 和 APPT 在放电加速阶段主要有两个不同点。

(1) LAPPT 的放电能量主要用于激光烧蚀等离子体的进一步电离和加速，而 APPT 的放电能量首先要用于工质的烧蚀，然后才用于工质的电离和加速。

(2) LAPPT 的工质在放电加速前带有一定初始速度，而 APPT 的工质在放电加速前速度为零。

因此，考虑 LAPPT 与 APPT 这两个不同点，就可以建立可用于 LAPPT 仿真的机电模型。

6.2.1　模型建立

带外加磁场 APPT 的原理示意图如图 6-1 所示，其中 B_{induce} 表示自感应磁场，$B_{applied}$ 表示外加磁场，l 表示极板长度，h 表示极板间距，w 表示极板宽度。APPT 的机电模型将推力器的放电加速过程简化为一个 RLC 电路，其等效电路图如图 6-2 所示。放电回路主要由电容器及其电阻 R_c 和电感 L_c，导线和接头的电阻 R_e，电感 L_e，极板的电阻 $R_{pe}(t)$，电感 $L_{pe}(t)$，以及电流片的电阻 R_p 组成。

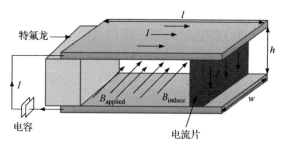

图 6-1　带外加磁场 APPT 的原理示意图

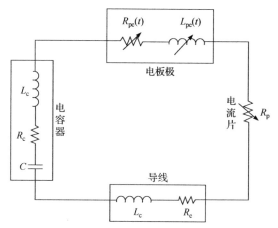

图 6-2　带外加磁场 APPT 的等效电路图

LAPPT 在激光烧蚀阶段产生的等离子体羽流穿过陶瓷隔离板中间的圆孔后，进入阴阳极板之间的放电加速通道。此时，羽流大致呈圆柱状，其大小不超过陶瓷隔离板中间圆孔的直径。但是，等离子体羽流在放电时会分布在整个放电通道内。同时，进入放电加速通道的等离子体羽流具有一定的初始速度。

因此，将 LAPPT 的等离子体羽流假设为一个具有初始速度的薄电流片，并且电流片的高度和宽度分别为推力器极板间距和极板宽度。在放电加速过程中，电流片被洛伦兹力和气动力加速喷出推力器，其带外加磁场 LAPPT 的原理示意图如图 6-3 所示。LAPPT 的等效电路图和 APPT 类似，如图 6-2 所示。

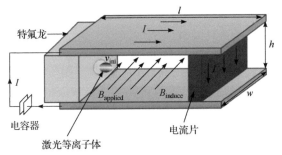

图 6-3　带外加磁场 LAPPT 的原理示意图

在等效电路中，R_c、R_e、L_c、L_e 由推力器设计参数决定(是定值)，而 R_p、$R_{pe}(t)$ 和 $L_{pe}(t)$ 将随着工作状态不同而改变。其中，R_p 通过式(6-1)计算得到[12]，即

$$R_p = 8.08 \frac{h}{T_e^{\frac{3}{4}} w} \sqrt{\frac{\mu_0 \ln\left(1.24 \times 10^7 \left(\frac{T_e^3}{n_e}\right)^{\frac{1}{2}}\right)}{\tau}} \tag{6-1}$$

其中，T_e 为电子温度；μ_0 为真空磁导率；n_e 为电子数密度；τ 为特征脉冲时间。

由法拉第电磁感应定律可知，等效电路方程可写为

$$V_c(t) = I(t)R_{total}(t) + \frac{d\phi_{total}(t)}{dt} \tag{6-2}$$

其中，$V_c(t)$ 表示电容两端电压；$I(t)$ 表示回路电流；$R_{total}(t) = R_c + R_e + R_{pe}(t) + R_p$ 表示回路总电阻；$\phi_{total}(t) = \phi_c(t) + \phi_e(t) + \phi_{pe}(t)$ 表示回路总磁感通量，$\phi_c(t)$ 表示电容器电感引起的磁感通量，$\phi_e(t)$ 表示导线和接头的电感引起的磁感通量，$\phi_{pe}(t)$ 表示穿过平行极板通道的磁感通量。

易知，电容器电感、导线和接头电感引起的磁感通量之和为

$$\phi_c(t) + \phi_e(t) = L_c I(t) + L_e I(t) \tag{6-3}$$

穿过平行极板通道的磁感通量包括自感应磁场和外加磁场穿过平行极板通道的磁感通量，即

$$\phi_{\text{pe}}(t) = \iint\limits_{\text{electrodes}} B_{\text{induce}}(t,x,y)\mathrm{d}A + \iint\limits_{\text{electrodes}} B_{\text{applied}}(t,x,y)\mathrm{d}A \tag{6-4}$$

其中，$B_{\text{induce}}(t,x,y)$为自感应磁场强度；$B_{\text{applied}}(t,x,y)$为外加磁场强度；$A$ 表示电流片的面积矢量。

假设平行极板电极为准无限宽的薄平面$(w \gg h)$，电流密度均匀，则由安培环路定理可得

$$\iint\limits_{\text{electrodes}} B_{\text{induce}}(t,x,y)\mathrm{d}A = \int_0^{x(t)}\int_0^h \mu_0 \frac{I(t)}{w}\mathrm{d}y\mathrm{d}x + \int_{x(t)}^{x(t)+\delta}\int_0^h \mu_0 \frac{I(t)}{w}\left(\frac{\delta + x(t) - x}{\delta}\right)\mathrm{d}y\mathrm{d}x$$

$$= \left(\mu_0 \frac{h}{w}x(t) + \mu_0 \frac{\delta}{2}\frac{h}{w}\right)I(t)$$

$$\tag{6-5}$$

其中，$x(t)$为电流片距离工质烧蚀表面的距离；δ 为电流片厚度。

假设外加磁场在空间和时间上均匀分布，则有

$$\iint\limits_{\text{electrodes}} B_{\text{applied}}(t,x,y)\mathrm{d}A = \int_0^{x(t)+\delta}\int_0^h B_{\text{applied}}(t,x,y)\mathrm{d}y\mathrm{d}x$$

$$= hB_{\text{applied}}\big(x(t)+\delta\big) \tag{6-6}$$

由式(6-3)、式(6-5)和式(6-6)可知

$$\phi_{\text{total}}(t) = L_{\text{c}}I(t) + L_{\text{e}}I(t) + \mu_0 \frac{h}{w}x(t)I(t)$$

$$+ \mu_0 \frac{\delta}{2}\frac{h}{w}I(t) + hB_{\text{applied}}\big(x(t)+\delta\big) \tag{6-7}$$

考虑电流片厚度很小，令 $\delta = 0$，则式(6-7)简化为

$$\phi_{\text{total}}(t) = \left(L_{\text{c}} + L_{\text{e}} + \mu_0 \frac{h}{w}x(t)\right)I(t) + hB_{\text{applied}}x(t) \tag{6-8}$$

可得

$$V_{\text{c}}(t) = V_0 - \frac{1}{C}\int_0^t I(\tau)\mathrm{d}\tau$$

$$= I(t)R_{\text{total}}(t) + I(t)\mu_0 \frac{h}{w}\dot{x}(t)$$

$$+ \dot{I}(t)\left(L_{\text{c}} + L_{\text{e}} + \mu_0 \frac{h}{w}x(t)\right) + hB_{\text{applied}}\dot{x}(t) \tag{6-9}$$

其中，V_0 为电容器初始电压；C 为电容器电容容量；$x(t)$为电流片的运动速度。

由牛顿第二定律，有

$$\frac{d}{dt}(m(t)\dot{x}(t)) = F(t) = F_v + F_s + F_{initial} \tag{6-10}$$

其中，$m(t)$ 为电流片质量；$F(t)$ 为电流片所受的合力，包括体积力 F_v、表面力 F_s 和初动量等效力 $F_{initial}$。

电流片可认为是准电中性的，而且可看成无黏性流体。因此，体积力认为只有洛伦兹力，包括自感应磁场产生的洛伦兹力 F_{induce} 和外加磁场产生的洛伦兹力 $F_{applied}$；表面力认为只有气动力 F_{gas}。因此，式(6-10)可写为

$$\frac{d}{dt}(m(t)\dot{x}(t)) = F_{induce} + F_{applied} + F_{gas} + F_{initial} \tag{6-11}$$

自感应磁场产生的洛伦兹力为

$$
\begin{aligned}
F_{induce} &= \iiint J(t)B_{induce}(t,x,y)dv \\
&= \int_0^h \int_0^w \int_{x(t)}^{x(t)+\delta} \frac{I(t)}{w\delta} \cdot \frac{\mu_0 I(t)}{w} \frac{\delta + x(t) - x}{\delta} dxdydz \\
&= \frac{1}{2}\mu_0 \frac{h}{w}(I(t))^2
\end{aligned}
\tag{6-12}
$$

其中，$J(t)$ 为穿过电流片的电流密度。

由于外加磁场在空间和时间上均匀分布，因此外加磁场产生的洛伦兹力为

$$F_{applied} = \int_0^h \int_0^w \int_{x(t)}^{x(t)+\delta} \frac{I(t)}{w\delta} B_{applied} dxdydz = hB_{applied}I(t) \tag{6-13}$$

电流片所受的气动力可表示为[12]

$$F_{gas} = hwn_e k_B T_e \tag{6-14}$$

其中，k_B 为玻尔兹曼常数。

根据动量定理，电流片初动量等效力可表示为

$$F_{initial} = \frac{d}{dt}(m(t)v_{ini}(t)) \tag{6-15}$$

其中，$v_{ini}(t)$ 为电流片进入放电通道时的速度。

因此，运动控制方程可写为

$$\frac{d}{dt}(m(t)\dot{x}(t)) = \frac{1}{2}\mu_0 \frac{h}{w}(I(t))^2 + hB_{applied}I(t)$$

$$+ hwn_e k_B T_e + \frac{\mathrm{d}}{\mathrm{d}t}(m(t)v_{\mathrm{ini}}(t)) \tag{6-16}$$

因为 LAPPT 的工质质量由短脉冲激光烧蚀供给，在放电加速阶段几乎不额外产生质量，所以假设电流片质量在放电之初就立即全部进入放电通道，且在整个放电过程中保持不变，并在模型中设为 m_0，也就是激光单脉冲烧蚀质量。同时，假设进入放电通道的所有工质都具有相同的初始速度，在模型中设为 v_{ini}。因此，式(6-16)可简化为

$$m_0 \ddot{x}(t) = \frac{1}{2}\mu_0 \frac{h}{w}(I(t))^2 + hB_{\mathrm{applied}}I(t) + hwn_e k_B T_e \tag{6-17}$$

联合式(6-1)、式(6-9)和式(6-17)可得到包含外加磁场的 LAPPT 机电模型，即

$$\begin{cases} V_0 - \frac{1}{C}\int_0^t I(t)\mathrm{d}\tau = \dot{I}(t)\left(L_c + L_e + \mu_0 \frac{h}{w}x(t)\right) \\ \qquad\qquad + I(t)R_{\mathrm{total}}(t) + I(t)\mu_0 \frac{h}{w}\dot{x}(t) + hB_{\mathrm{applied}}\dot{x}(t) \\ m_0 \ddot{x}(t) = \frac{1}{2}\mu_0 \frac{h}{w}(I(t))^2 + hwn_e k_B T_e + hB_{\mathrm{applied}}I(t) \\ R_p = 8.08\frac{h}{T_e^{\frac{3}{4}}w}\sqrt{\dfrac{\mu_0 \ln\left[1.24\times10^7\left(\dfrac{T_e^3}{n_e}\right)^{\frac{1}{2}}\right]}{\tau}} \end{cases} \tag{6-18}$$

其中，初始条件为 $x(0)=0$，$\dot{x}(0)=v_{\mathrm{ini}}$，$I(0)=0$。

由此可以获得 LAPPT 工作过程中放电电压、放电电流、电流片运动参数等，利用这些参数可以计算获得 LAPPT 的相关性能参数。

设电流片喷出极板的时间为 t^*，即 $x(t^*)=l$，则电流片喷出极板时的速度 v_{out} 为

$$v_{\mathrm{out}} = \dot{x}(t^*) \tag{6-19}$$

比冲 I_{sp} 可表示为

$$I_{\mathrm{sp}} = \frac{\dot{x}(t^*)}{g} \tag{6-20}$$

自感应磁场产生的元冲量(简称自感应磁场元冲量)为

$$I_{\text{bit-induce}} = \int_0^{t^*} F_{\text{induce}} \mathrm{d}\tau = \frac{\mu_0 h}{2w} \int_0^{t^*} (I(\tau))^2 \mathrm{d}\tau \qquad (6\text{-}21)$$

外加磁场产生的元冲量(简称外加磁场元冲量)为

$$I_{\text{bit-applied}} = \int_0^{t^*} F_{\text{applied}} \mathrm{d}\tau = hB_{\text{applied}} \int_0^{t^*} I(\tau)\mathrm{d}\tau \qquad (6\text{-}22)$$

气动力产生的元冲量(简称气动力元冲量)为

$$I_{\text{bit-gas}} = \int_0^{t^*} F_{\text{gas}} \mathrm{d}\tau = hwn_e k_B T_e t^* \qquad (6\text{-}23)$$

电流片初始速度产生的元冲量(简称初始速度元冲量)为

$$I_{\text{bit-initial}} = m_0 v_{\text{ini}} \qquad (6\text{-}24)$$

元冲量 I_{bit} 可表示为

$$I_{\text{bit}} = m_0 v_{\text{ini}} + \frac{\mu_0 h}{2w} \int_0^{t^*} (I(\tau))^2 \mathrm{d}\tau + hwn_e k_B T_e t^* + hB_{\text{applied}} \int_0^{t^*} I(\tau)\mathrm{d}\tau \quad (6\text{-}25)$$

推进效率 η_{th} 可表示为

$$\eta_{\text{th}} = \frac{I_{\text{bit}}^2}{2m_0(E_c + E_{\text{laser}})} = \frac{I_{\text{bit}}^2}{m_0(CV_0^2 + 2E_{\text{laser}})} \qquad (6\text{-}26)$$

其中，E_c 为放电能量；E_{laser} 为单脉冲激光能量。

至此，通过式(6-18)～式(6-26)，可以获得 LAPPT 的放电特性和推进性能。同时，将工质的初始速度和激光能量设为零，该机电模型即可用于带外加磁场的平行极板型 APPT 的仿真。

6.2.2　模型验证

由于目前缺乏 LAPPT 的相关实验数据，如等离子体的初速度 v_{ini}、放电过程中等离子体温度和电子数密度等参数，因此无法使用 LAPPT 的实验数据对机电模型进行验证。考虑对平行极板型 APPT 的研究时间较长，且有很多实验数据丰富的典型推力器，因此本章选用几种典型平行极板型 APPT 的实验数据对模型进行验证。

1. 外加磁场为零时的模型验证

LES-6 PPT 和 LES-8/9 PPT 是两种发展成熟的具有空间飞行应用背景的

平行极板型 PPT。目前针对这两种 PPT 已经开展了大量的实验与理论研究，而且这两种 PPT 的放电能量相差较大，利用实验数据对模型进行验证更能展现模型的适用性。本章以这两种 PPT 为研究对象，对模型在外加磁场为零时进行验证，仿真过程中的参数[2,13]选择如表 6-1 所示。实验与仿真结果对比如表 6-2 所示。由该表可知，仿真结果与实验结果高度吻合，这意味着该模型可以有效对外加磁场为零的情况进行仿真。

表 6-1 LES-6 PPT 和 LES-8/9 PPT 的相关参数

推力器	LES-6 PPT	LES-8/9 PPT
初始电压/V	1360	1538
电容容量/μF	2	17
电容电阻/mΩ	30	30
初始电感/nH	34	35
极板间距/mm	30	25.4
极板宽度/mm	10	25.4
极板长度/mm	6	25.4
特征脉冲时间/μs	0.4	1.0
等离子体温度/eV	1.5	5.0
电子数密度/m⁻³	1×10^{21}	1×10^{21}
单脉冲质量/μg	10	28.5

表 6-2 实验与仿真结果对比

推力器	LES-6 PPT		LES-8/9 PPT	
	实验	仿真	实验	仿真
元冲量/(μN·s)	32	32.6	300	298.8

2. 外加磁场不为零时的模型验证

日本东京都立大学[14]实验研究了外加磁场对 PPT(称为 TMU PPT)性能的影响，本章使用 TMU PPT 的相关参数对外加磁场的模型进行验证。TMU PPT 的相关参数[14]如表 6-3 所示。仿真中磁场设置与实验一致，仅在推力器极板的前 17.5mm 施加外加磁场。实验结果与仿真结果对比如图 6-4 所示。虽然实验结果与仿真结果的一致性较好，但是也存在差异。例如，外加磁场为 0.3T 时的性能参数仿真结果与实验差异明显。这可能是等离子体电阻设置不当造成的。如果降低此时的等离子体电阻值，会使结果吻合得更好。虽然实验结果与仿真结果具有一定差异，但是总体吻合较好。这意味着，该模型可以有效对外加磁场不为零情况下 PPT 的性能进行预测。同时，TMU PPT 的放电能量为 125.0J，因此进一步验证了本章的模型具有较好的适用性。

表 6-3　TMU PPT 的相关参数

参数	数值	参数	数值		
初始电压/V	2500	电容电阻/mΩ	30		
电容容量/μF	40	初始电感/nH	120		
极板宽度/mm	15	外加磁场大小/T	0	0.15	0.30
极板长度/mm	60	单脉冲质量/μg	320	120	60
极板间距/mm	50	等离子体电阻/mΩ	18	8	4

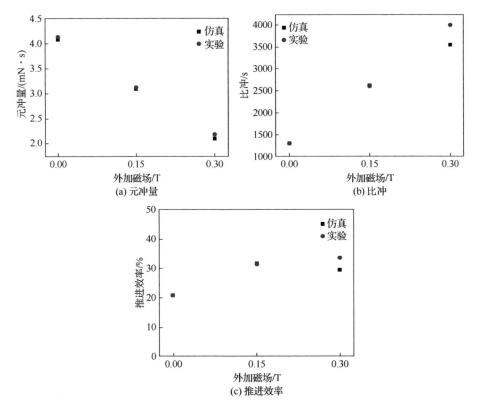

图 6-4　实验结果与仿真结果对比图

6.3 LAPPT 性能仿真结果与讨论

本节利用 6.2 节建立的机电模型对不同电参数、电流片初始状态参数、等离子体参数和外加磁场参数进行仿真研究，同时对比不同参数对推力器性能影响的程度，为后续推力器设计提供参考。

为了便于描述，首先对推力器参数进行了预先设计，并用建立的机电模型获得其性能参数。由表 6-4 可知，预先设计参数下仿真得到的元冲量、比冲和推进效率分别为 392.60μN·s、4006.08s 和 31.33%。此时的气动力元冲量仅仅只有 0.4793μN·s，初始速度元冲量为 30.00μN·s，自感应磁场元冲量为 362.12μN·s。因此，此时的元冲量主要由自感应磁场产生的洛伦兹力贡献。

表 6-4　LAPPT 预先设计参数和仿真所得性能参数

参数	数值	参数	数值
极板间距/mm	25	极板长度/mm	35
极板宽度/mm	15	初始电压/V	2000
电容容量/μF	12	电容电阻/mΩ	20
初始电感/nH	34	单脉冲烧蚀质量/μg	10
初始速度/(km/s)	3	电子温度/eV	5
电子数密度/m⁻³	$1×10^{21}$	特征脉冲时间/μs	0.6
放电能量/J	24	单脉冲激光能量/J	0.6
外加磁场大小/T	0	喷出时间/μs	1.5963
放电电流峰值/A	19646.73	喷出时剩余电压/V	138.08
喷出速度/(km/s)	39.26	比冲/s	4006.08
推进效率/%	31.33	元冲量/(μN·s)	392.60
自感应磁场元冲量/(μN·s)	362.12	外加磁场元冲量/(μN·s)	0
气动力元冲量/(μN·s)	0.4793	初始速度元冲量/(μN·s)	30.00

图 6-5 为预先设计参数下的放电电流和放电电压波形，其中曲线上的半白半黑的圆形符号所在的点表示电流片在此时喷出极板。由图可知，放电电流在 0.5901μs 时获得最大值，因为模型中用到的特征脉冲时间约等于推力器放电周期的四分之一，因此在模型中将特征脉冲时间设定为 0.6μs。放电电压在电流片喷出时仍然残余了部分电压，这说明还有少部分能量没有得到充分释放。

预先设计参数下的放电能量分布如图 6-6 所示。电容器储存能量随着放电的进行逐渐降低，磁场中储存的能量先增加后降低，而欧姆热损失和加速电流片的能量逐渐增加。此时，加速电流片的能量占比约为 31.88%，占比远高于 LES-6 PPT 的 3%。

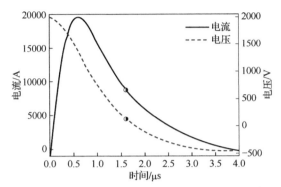

图 6-5　预先设计参数下的放电电流和放电电压波形

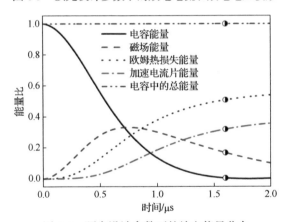

图 6-6　预先设计参数下的放电能量分布

在研究相同参数改变对推力器性能的影响时，将其他参数设为不变且等于预先设计的数值。为了对比相同参数改变对性能的影响程度，将参数从 a 增加到 b 时的元冲量增长率定义为

$$\eta_{a \to b} = \frac{I_{\text{bit-}b} - I_{\text{bit-}a}}{I_{\text{bit-}a}} \times 100\% \tag{6-27}$$

为了对比不同参数改变对性能的影响程度，将不同参数的元冲量 $I_{\text{bit-}x}$ 相对于预先设计参数的元冲量 $I_{\text{bit-design}}$ 的相对增长率定义为

$$\eta_{\text{design}\to x} = \frac{I_{\text{bit-}x} - I_{\text{bit-design}}}{I_{\text{bit-design}}} \times 100\% \tag{6-28}$$

为了便于分析，做以下几点说明。

(1) 在保持单脉冲烧蚀质量和放电能量不变时，元冲量、比冲和推进效率可以相互转换且变化趋势一致。因此，下面的分析只针对比元冲量的变化。同时，在保持单脉冲烧蚀质量不变时，比冲与元冲量的变化趋势一致，在这种情况下，下面的分析不对比比冲的变化。

(2) 由式(6-22)可知，在不外加磁场时无须考虑外加磁场元冲量的影响。由式(6-23)可知，气动力元冲量主要受到结构参数、等离子体参数和喷出时间的影响，但是由于结构参数和喷出时间的差异与等离子体参数相比较小，并且气动力元冲量在预先设计的等离子体参数下占总元冲量的比重较小(仅约为0.12%)，因此仅在等离子体参数改变时才分析气动力元冲量的影响。由式(6-24)可知，初始速度元冲量仅与单脉冲烧蚀质量和初始速度相关，因此仅在这两个参数改变时才分析其影响。

(3) 由于自感应磁场元冲量在性能上贡献最大，因此对其进行重点分析。由式(6-21)可知，自感应磁场元冲量与放电电流平方对时间的积分成正比，因此进行分析时重点结合放电电流波形和放电电流平方波形进行分析，且自感应磁场元冲量正比于电流片喷出前放电电流平方曲线与纵坐标为 0 围成的面积(简称自感应磁场元冲量面积)，而针对放电电压波形仅在一些特殊条件下进行分析。

6.3.1　电参数对 LAPPT 性能的影响

1. 电容容量不变，初始电压对 LAPPT 性能的影响

元冲量、元冲量增长率和元冲量相对增长率随初始电压的变化如图 6-7 所示。由图可知，随着初始电压的增加，元冲量和元冲量相对增长率逐渐增加，但是元冲量增长率逐渐下降。由于改变初始电压时元冲量的变化主要由自感应磁场元冲量主导，因此重点分析初始电压对自感应磁场元冲量的影响。在不同初始电压条件下，放电电流及其平方波形如图 6-8 所示。由图可知，随着初始电压的增加，放电电流峰值和自感应磁场元冲量面积增加，因此自感应磁场元冲量随着初始电压的增加而增加。同时，由于电流片喷出时间提前，使积分时间减少，这会导致自感应磁场元冲量面积增加速度随着初始电压的增加而逐渐减小，因此元冲量增长率会逐渐下降。当初始电压从 1000V 增加到 6000V

时，元冲量相对增长率从–59.4%增加到 150.5%，跨度为 209.9%，这说明初始电压对推力器性能有极大的影响。

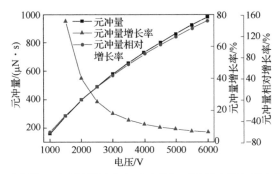

图 6-7　元冲量、元冲量增长率和元冲量相对增长率随初始电压的变化

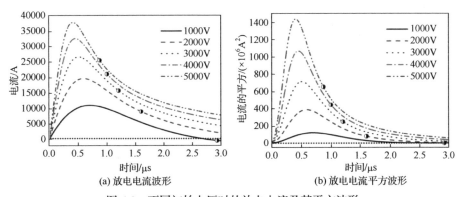

(a) 放电电流波形　　　　　　　　(b) 放电电流平方波形

图 6-8　不同初始电压时的放电电流及其平方波形

如图 6-9 所示，推进效率随着初始电压的增加先增加后下降，在 2500V 左右达到最大值；放电能量随着初始电压的增加而增加，且增加速度逐渐加快。由式(6-26)可知，推进效率与元冲量平方成正比，而几乎与放电能量成反比。当初始电压较小时，此时元冲量增长率较高，而放电能量此时增长较少，因此推进效率随着初始电压的增加而增加；当初始电压较高时，随着初始电压的增加，元冲量增长率逐渐降低，而放电能量随着初始电压的增加快速增加，因此导致推进效率随着初始电压的增加而降低。如图 6-10 所示，随着初始电压的增加，电流片喷出后电容器上储存的电压逐渐增加，这会造成能量的浪费，这也是推进效率在初始电压较高时下降的原因。

综上所述，虽然初始电压的增大可有效增加元冲量，但是过高的初始电压会导致推进效率降低，同时过高的初始电压会提高对电容器的要求。因此，初始电压不宜过高。

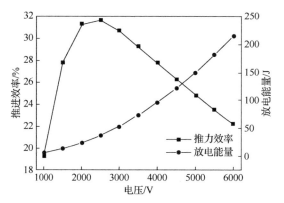

图 6-9　推进效率和放电能量随初始电压的变化

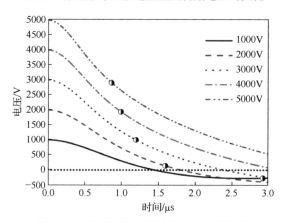

图 6-10　不同初始电压时的放电电压波形

2. 初始电压不变，电容容量对 LAPPT 性能的影响

　　元冲量、元冲量增长率和元冲量相对增长率随电容容量的变化如图 6-11 所示。由图可知，随着电容容量的增加，元冲量和元冲量相对增长率逐渐增加，但是元冲量增长率逐渐下降。不同电容容量条件下，放电电流和放电电流平方波形如图 6-12 所示。由图 6-12(a)可知，随着电容容量的增加，放电电流峰值增加且增加程度逐渐降低，而电流片喷出极板的时间提前。由图 6-12(b)可知，随着电容容量的增加，自感应磁场元冲量面积增大，因此自感应磁场元冲量随着电容容量的增加而增加。同时，由于电流片喷出时间提前，积分时间减少，而且放电电流峰值随着电容容量的增加逐渐降低，这会导致自感应磁场元冲量面积增加速度随着电容容量的增加而逐渐减小，所以元冲量增长率会逐渐下降。当电容容量从 3μF 增加到 24μF 时，元冲量相对增长率从−59.9%增加到 21.2%，跨度为 81.1%，这说明电容容量对推力器性能有较大的影响。

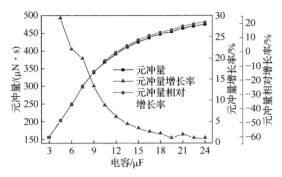

图 6-11　元冲量、元冲量增长率和元冲量相对增长率随电容容量的变化

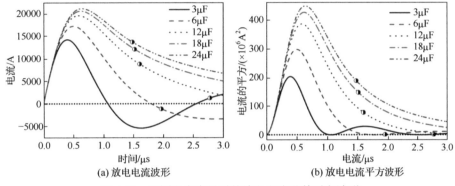

(a) 放电电流波形　　　　　　　(b) 放电电流平方波形

图 6-12　不同电容容量时的放电电流及其平方波形

图 6-13 所示为推进效率和放电能量随电容容量的变化。由图可知，推进效率随着电容容量的增加先增加后下降，在 10.5μF 左右达到最大值；放电能量随着电容容量的增加而线性增加。当电容容量较小时，元冲量增长率较高，虽然放电能量线性增加，但是由于推进效率与元冲量平方成正比，因此造成推

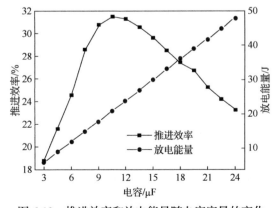

图 6-13　推进效率和放电能量随电容容量的变化

进效率增加；当电容容量较高时，此时元冲量增长率较低，而放电能量仍然线性增加，因此导致推进效率降低。

综上所述，在保持初始电压不变时，增加电容容量可增加元冲量但是增加速度逐渐缓慢，而过高的电容容量会使推进效率降低。因此，不能选择过高电容容量的电容器。

3. 相同放电能量时，电容容量对 LAPPT 性能的影响

由于比冲、推进效率与元冲量的变化趋势相同，因此这里仅讨论该参数变化对元冲量的影响。相同放电能量时，元冲量、元冲量增长率和元冲量相对增长率随电容容量的变化如图 6-14 所示。由图可知，随着电容容量的增加，元冲量和元冲量相对增长率先增加后降低，在 6μF 左右达到最大值；元冲量增长率先逐渐下降，然后向负方向先逐渐增加后几乎保持不变。

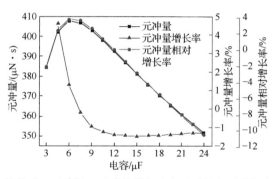

图 6-14　相同放电能量时，元冲量、元冲量增长率和元冲量相对增长率随电容容量的变化

相同放电能量、不同电容容量条件下，放电电流和放电电流平方波形如图 6-15 所示。由图 6-15(a)可知，随着电容容量的增加，放电电流峰值降低，放电电流的周期增加，而电流片喷出极板的时间推迟。当电容容量较小时，放电电流周期较小，而放电电流波形较为陡峭，所以自感应磁场元冲量面积较小。此时，电容容量的增加会增加放电电流周期并降低放电电流波形的陡峭程度，这使自感应磁场元冲量面积略微增大，所以元冲量会略微增加，如图 6-15(b)中的 3μF 和 6μF 曲线所示。当电容容量较大时，此时增加电容容量对放电电流周期和放电电流波形陡峭程度影响较小，而放电电流峰值的降低会使自感应磁场元冲量面积减小，因此元冲量会降低，如图 6-15 中的 9μF、12μF 和 24μF 曲线所示。在相同放电能量下，电容容量从 3μF 增加到 24μF 时，元冲量相对增长率跨越的范围为–10.5%～3.9%，跨度为 14.4%，这说明相同放电能量时，电容容量对推力器性能影响中等。

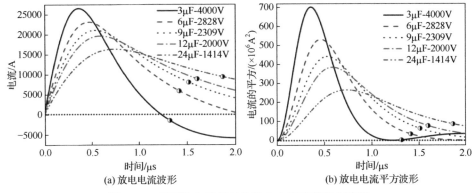

(a) 放电电流波形　　　　　　　　　(b) 放电电流平方波形

图 6-15　相同放电能量时的放电电流及其平方波形

因此，放电能量相同时，过高或过低的电容容量都不利于推力器性能的提高。在 24J 的放电能量下，使用 6μF 的电容器可获得较好的性能。这也表明，推力器电容容量的大小需要根据所需的放电能量来合理选择，以优化推力器性能。

4. 电路电阻对 LAPPT 性能的影响

元冲量、元冲量增长率和元冲量相对增长率随电路电阻的变化如图 6-16 所示。由图可知，随着电路电阻的增加，元冲量和元冲量相对增长率逐渐降低，元冲量增长率逐渐增加且都小于 0。

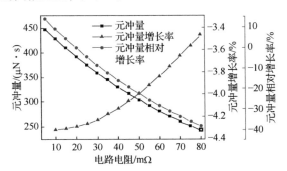

图 6-16　元冲量、元冲量增长率和元冲量相对增长率随电路电阻的变化

在不同电路电阻条件下，放电电流和放电电流平方波形如图 6-17 所示。由图 6-17 可知，随着电路电阻的增加，放电电流峰值和自感应磁场元冲量面积降低，所以自感应磁场元冲量随着电路电阻的增加而降低。同时，由图 6-17(b)可知，电路电阻增加时，自感应磁场元冲量面积增加的程度逐渐减小，所以元冲量增长率逐渐增加且都小于 0。当电路电阻从 5mΩ 增加到 80mΩ 时，元冲

量相对增长率从 14.1%降低到–38.1%，跨度为 52.2%，这说明电路电阻对推力器性能有较大的影响。

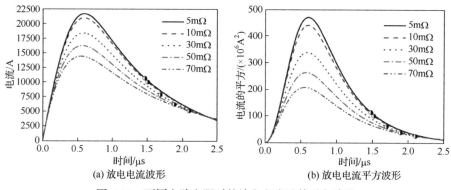

(a) 放电电流波形　　　　　　　　(b) 放电电流平方波形

图 6-17　不同电路电阻时的放电电流及其平方波形

综上所述，电路电阻的增加对推力器性能的提高非常不利，所以应尽可能降低推力器的电路电阻。降低推力器电路电阻的途径是降低电容器电阻、导线和接头电阻、极板电阻和等离子体电阻，其中通过提高电子温度和数密度可减小等离子体电阻。

5. 电路电感对 LAPPT 性能的影响

元冲量、元冲量增长率和元冲量相对增长率随电路电感的变化如图 6-18 所示。由图可知，随着电路电感的增加，元冲量和元冲量相对增长率先略微增加后逐渐降低，元冲量增长率逐渐降低。在不同电路电感条件下，放电电流和放电电流平方波形如图 6-19 所示。由图 6-19 可知，随着电路电感的增加，放电电流峰值降低，但是放电周期增加。这导致在电路电感较小时，电路电感的增加会使自感应磁场元冲量面积略微增大，进而导致元冲量略微增大。在电路电

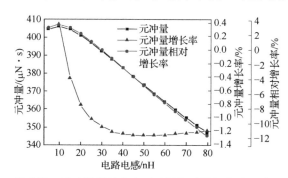

图 6-18　元冲量、元冲量增长率和元冲量相对增长率随电路电感的变化

感较大时, 电路电感的增加会使自感应磁场元冲量面积减小, 所以元冲量会降低。当电路电感从 5nH 增加到 80nH 时, 元冲量相对增长率跨越的范围为 3.4%～11.7%, 跨度为 15.1%, 这说明电路电感对推力器性能的影响中等。

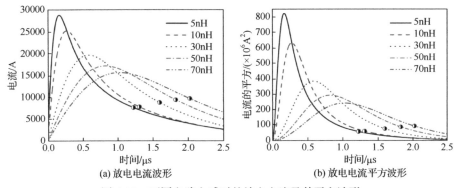

(a) 放电电流波形　　　　　　　　　　(b) 放电电流平方波形

图 6-19　不同电路电感时的放电电流及其平方波形

虽然在电路电感较低时, 随着电路电感的增加, 推力器性能略有增加, 但是在推力器设计时很难将电感降低至 10nH 以下。因此, 可认为电路电感对推力器性能有不利影响, 应尽可能降低电路电感。降低电路电感的途径是降低电容器电感、导线和接头电感、极板电感。

6.3.2　电流片初始状态参数对 LAPPT 性能的影响

1. 单脉冲烧蚀质量对 LAPPT 性能的影响

元冲量、元冲量增长率和元冲量相对增长率随单脉冲烧蚀质量的变化如图 6-20 所示。由图可知, 随着单脉冲烧蚀质量的增加, 元冲量和元冲量相对增长率增加, 元冲量增长率逐渐降低。由于改变单脉冲烧蚀质量时, 元冲量的变化除了由自感应磁场元冲量主导, 还受到初始速度元冲量的影响, 所以此处

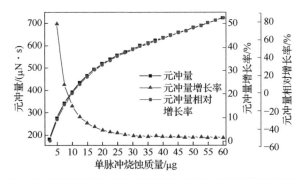

图 6-20　元冲量、元冲量增长率和元冲量相对增长率随单脉冲烧蚀质量的变化

需要重点分析单脉冲烧蚀质量对自感应磁场元冲量和初始速度元冲量的影响。如图 6-21 所示，随着单脉冲烧蚀质量的增加，初始速度元冲量线性增加，增加的元冲量增加的速度逐渐减缓。易知，此时增加的元冲量主要由自感应磁场元冲量增加主导。由于此时假设初始速度不变，因此初始元冲量会随着单脉冲烧蚀质量的增加而线性增加。

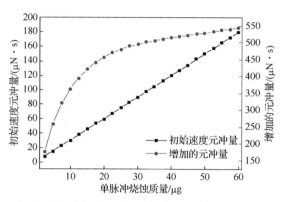

图 6-21   初始速度元冲量和增加的元冲量随单脉冲烧蚀质量的变化

在不同单脉冲烧蚀质量条件下，放电电流和放电电流平方波形如图 6-22 所示。随着单脉冲烧蚀质量的增加，放电电流峰值和自感应磁场元冲量面积增大，所以自感应磁场元冲量增大。同时，由图 6-22(b)可知，自感应磁场元冲量面积增加的幅度随着单脉冲烧蚀质量的增加而减小。因此，自感应磁场元冲量增加的速度逐渐减缓，这也是元冲量增长率逐渐降低的原因。当单脉冲烧蚀质量从 6.5μg 增加到 60μg 时，元冲量相对增长率从–53.3%增加到 84.8%，跨度为 138.1%，这说明单脉冲烧蚀质量对推力器性能有很大的影响。

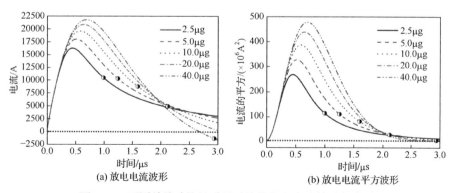

图 6-22   不同单脉冲烧蚀质量时的放电电流及其平方波形

图 6-23 所示为推进效率和比冲随单脉冲烧蚀质量的变化情况。由图可知，

推进效率随着单脉冲烧蚀质量的增加先增加后下降，在 7.5μg 左右达到最大值；比冲随着单脉冲烧蚀质量的增加而降低。由式(6-26)可知，推进效率与元冲量平方成正比，而与单脉冲烧蚀质量成反比。当单脉冲烧蚀质量较小时，此时元冲量增长率较高，所以推进效率随着单脉冲烧蚀质量的增加而增加。当单脉冲烧蚀质量较高时，元冲量增长率较小，而且随着单脉冲烧蚀质量的增加，元冲量增长率逐渐降低，所以导致推进效率随着单脉冲烧蚀质量的增加而降低。因为比冲的计算公式还可以写为 $I_{\text{sp}} = \dfrac{I_{\text{bit}}}{m_0 g}$，所以比冲与元冲量成正比，而与单脉冲烧蚀质量成反比。由于元冲量的增长率小于单脉冲烧蚀质量的增长率，因此比冲随着单脉冲烧蚀质量的增加而降低。

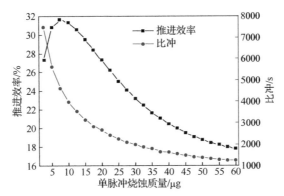

图 6-23　推进效率和比冲随单脉冲烧蚀质量的变化

综上所述，虽然单脉冲烧蚀质量的增加可有效增加推力器的元冲量，但是会降低推力器的比冲，而且推进效率在单脉冲烧蚀质量超过一定数值后也会下降。同时，单脉冲烧蚀质量的提高会对激光器提出更高的要求。因此，单脉冲烧蚀质量不宜过高。同时，考虑 LAPPT 通过陶瓷隔离板，将工质与高温放电电弧隔离可以避免工质被高温放电电弧烧蚀，从而降低单脉冲烧蚀质量，这可能是 LAPPT 性能比 APPT 优异的原因之一。

2. 初始速度对 LAPPT 性能的影响

当 m_0=10μg 时，元冲量、元冲量增长率和元冲量相对增长率随初始速度的变化如图 6-24 所示。由图可知，随着初始速度的增加，元冲量和元冲量相对增长率增加，元冲量增长率先降低后增加。由于改变初始速度时，元冲量的变化除了由自感应磁场元冲量主导，还受到初始速度元冲量的影响，因此重点分析初始速度对自感应磁场元冲量和初始速度元冲量的影响。当 m_0=10μg 时，初始速度元冲量、增加的元冲量(总元冲量减去初始速度元冲量)和减小的自感应磁场元冲量(记为 $I_{bit-induce}$ 减少量，速度为零时的元冲量减去增加的元冲量)随初始速度的变化如图 6-25 所示。随着初始速度的增加，初始速度元冲量线性增加，增加的元冲量逐渐降低，减小的自感应磁场元冲量逐渐增加。由于此时假设单脉冲烧蚀质量不变，因此初始速度元冲量会随着初始速度的增加而线性增加。

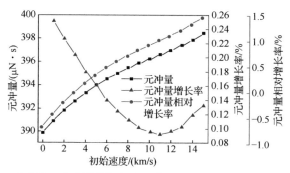

图 6-24　元冲量、元冲量增长率和元冲量相对增长率随初始速度的变化

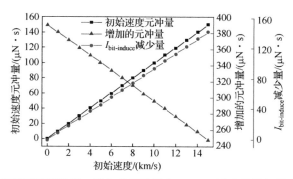

图 6-25　初始速度元冲量、增加的元冲量和 $I_{bit-induce}$ 减少量随初始速度的变化

在不同初始速度条件下，放电电流和放电电流平方波形如图 6-26 所示。随着初始速度的增加，放电电流峰值和自感应磁场元冲量面积降低，所以自感应磁场元冲量降低。由图 6-25 可知，在初始速度大于零时，初始速度元冲量都大于减小的自感应磁场元冲量，这说明此时初始速度元冲量的增加量可以弥补自感应磁场元冲量的下降量，所以元冲量随着初始速度的增加而增加。当初始速度从 0km/s 增加到 15km/s 时，元冲量相对增长率从−0.7%增加到 1.5%，跨度为 2.2%，这说明初始速度对推力器性能的影响很小。

当 m_0=7.5μg 时，元冲量、初始速度元冲量、增加的元冲量和减小的自感应磁场元冲量随初始速度的变化情况如图 6-27 所示。随着初始速度的增加，

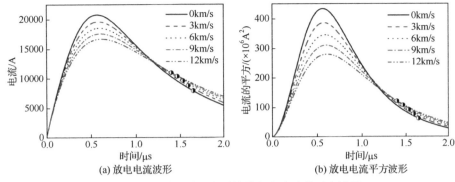

图 6-26　不同初始速度时的放电电流及其平方波形

元冲量和增加的元冲量逐渐下降，而初始速度元冲量和减小的自感应磁场元冲量逐渐增加。当初始速度大于零时，初始速度元冲量都小于减小的自感应磁场元冲量，这说明初始速度元冲量的增加量无法弥补自感应磁场元冲量的下降量，所以元冲量随着初始速度的增加而降低。因此，初始速度增加对于推力器性能会产生不利的影响。

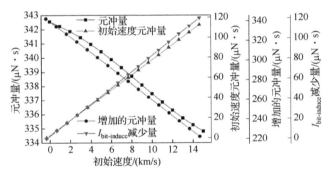

图 6-27　元冲量、初始速度元冲量、增加的元冲量和 $I_{bit-induce}$ 减少量
随初始速度的变化

综上所述，初始速度的增加使电流片离开放电通道的时间提前，进而降低洛伦兹力对电流片的加速效果，使自感应磁场元冲量的大大降低。同时，初始速度对推力器的性能影响较小，有时候甚至产生不利的影响，因此电流片具有一定的初始速度可能并不是 LAPPT 相比于 APPT 性能提高的关键因素。张志伟等[15]对 LAPPT 研究时发现，在放电能量保持不变时，等离子体运动速度随着激光能量的增加而先增加后降低，并推断可能是当等离子体运动速度太快时，在电能还未完全释放前，等离子体已经喷出电磁加速通道而没有被有效电磁加速。因此，电流片初始速度过快可能导致洛伦兹力对电流片的加速效果不

佳而降低推进性能。

6.3.3　等离子体参数对 LAPPT 性能的影响

1. 电子温度对 LAPPT 性能的影响

元冲量、元冲量增长率和元冲量相对增长率随电子温度的变化情况如图 6-28 所示。随着电子温度的增加，元冲量和元冲量相对增长率增加，元冲量增长率逐渐降低。虽然电子温度的变化会对气动力元冲量有较大的影响，但是即使在 20eV 时的气动力元冲量只有 $1.82\mu N \cdot s$，这相比于总元冲量来说很小，因此这里重点分析电子温度对自感应磁场元冲量的影响。

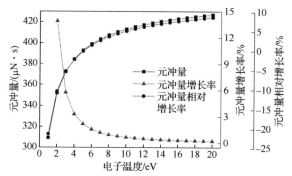

图 6-28　元冲量、元冲量增长率和元冲量相对增长率随电子温度的变化

在不同电子温度条件下，放电电流和放电电流平方波形如图 6-29 所示。随着电子温度的提升，放电电流峰值和自感应磁场元冲量面积增加且增加的幅度逐渐减小，所以自感应磁场元冲量增加且增加的幅度逐渐降低。在不同电子数密度下，等离子体电阻随电子温度的变化如图 6-30 所示。随着电子温度的提升，等离子体电阻先快速降低后缓慢降低，这是放电电流峰值增加幅度越

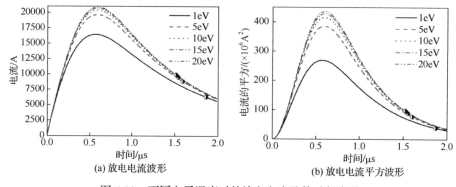

(a) 放电电流波形　　　　　　　(b) 放电电流平方波形

图 6-29　不同电子温度时的放电电流及其平方波形

来越小的原因。当电子温度从 1eV 增加到 20eV 时，元冲量相对增长率从 −21.3% 增加到 8.7%，跨度为 30.0%，这说明电子温度对推力器性能有较大的影响。

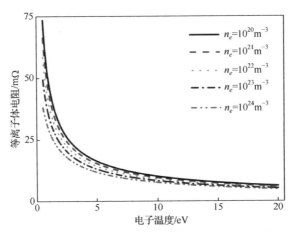

图 6-30　不同电子数密度时等离子体电阻随电子温度的变化

综上所述，提高等离子体的电子温度有利于推力器性能的提高。由 Saha 方程可知，等离子体电离度的提高会提升电子温度。由 LAPPT 的工作过程可知，激光烧蚀工质产生的等离子体进入放电通道后，放电通道中产生的高温放电电弧会对等离子体进一步电离，这会使等离子体的电离度提高，进而会提升等离子体的电子温度。因此，等离子体电子温度的提高，可能是 LAPPT 性能高于传统 APPT 的一个原因。

2. 电子数密度对 LAPPT 性能的影响

元冲量、元冲量增长率和元冲量相对增长率随电子数密度的变化情况如图 6-31 所示。随着电子数密度的增加，元冲量和元冲量相对增长率增加。由于横坐标使用的是对数坐标，所以元冲量增长率会有突跃。由于改变电子数密度时，元冲量的变化除了由自感应磁场元冲量主导，还受到气动力元冲量的影响，所以此处需要重点分析电子数密度对自感应磁场元冲量和气动力元冲量的影响。由图 6-32 可知，随着电子数密度的增加，自感应磁场元冲量先略微增加后下降，并且下降的速度逐渐加快，而气动力元冲量先缓慢增长后快速增长。

在不同电子数密度条件下，放电电流和放电电流平方波形如图 6-33 所示。由图 6-33(a)可知，随着电子数密度的增加，放电电流峰值先略有增加然后快

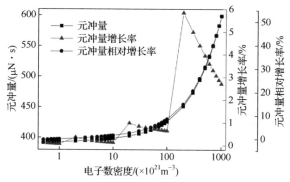

图 6-31　元冲量、元冲量增长率和元冲量相对增长率随电子数密度的变化

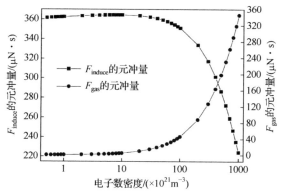

图 6-32　自感应磁场元冲量和气动力元冲量随电子数密度的变化

速下降,放电电流峰值开始略有增加,主要是因为等离子体电阻会随着电子数密度的增加而降低。由图 6-33(b)可知,自感应磁场元冲量面积先略有增加然后快速下降,所以自感应磁场元冲量先略有增加然后快速下降。由于气动力元冲量与电子数密度成正比,因此电子数密度的增加会使气动力元冲量增加,特别是在电子数密度较大时,气动力元冲量快速增加。因此,电子数密度主要通过影响气动力元冲量的方式来影响元冲量。由于气动力元冲量的增加量大于自感应磁场元冲量的下降量,因此元冲量随着电子数密度的增加而增加。当电子数密度从 0.5×10^{21} m^{-3} 增加到 1000×10^{21} m^{-3} 时,元冲量相对增长率从-0.3%增加到 52.5%,跨度为 52.8%,说明电子数密度对推力器性能有较大的影响。

电子数密度的提高有利于推力器性能的提高。由于激光等离子体进入放电通道后会进一步电离,其电子数密度会得到提高。因此,电子数密度的提高可能是 LAPPT 性能高于传统 APPT 的一个原因。

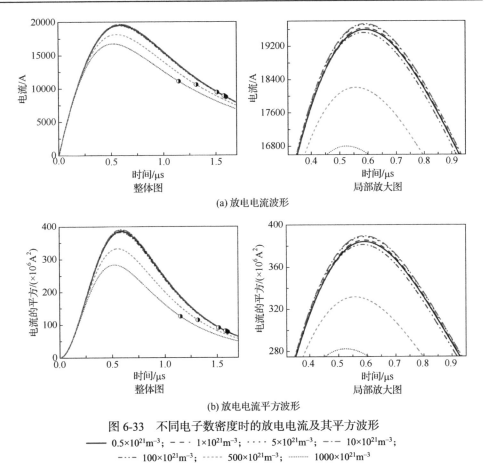

(a) 放电电流波形

(b) 放电电流平方波形

图 6-33　不同电子数密度时的放电电流及其平方波形

—— $0.5\times10^{21}m^{-3}$；- - - $1\times10^{21}m^{-3}$；···· $5\times10^{21}m^{-3}$；- · - $10\times10^{21}m^{-3}$；

- · · - $100\times10^{21}m^{-3}$；- - - - $500\times10^{21}m^{-3}$；········ $1000\times10^{21}m^{-3}$

6.3.4　外加磁场对 LAPPT 性能的影响

1. 外加磁场大小对 LAPPT 性能的影响

本节在推力器的整个极板长度方向上都施加恒定的加速磁场。元冲量、元冲量增长率和元冲量相对增长率,随外加磁场大小的变化情况如图 6-34 所示。由图可知,随着外加磁场大小的增加,元冲量和元冲量相对增长率先增加后降低,在 1.0T 左右时达到最大值,而元冲量增长率逐渐降低。由于改变外加磁场大小时,元冲量的变化除了由自感应磁场元冲量主导,还受到外加磁场元冲量的影响,所以需要重点分析外加磁场大小对自感应磁场元冲量和外加磁场元冲量的影响。由图 6-35 可知,随着外加磁场大小的增加,自感应磁场元冲量逐渐减小,外加磁场元冲量先增加后降低。

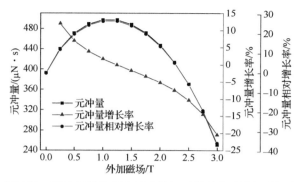

图 6-34　元冲量、元冲量增长率和元冲量相对增长率随外加磁场大小的变化

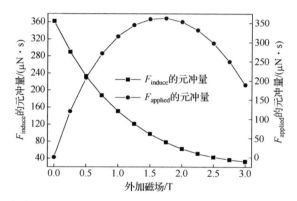

图 6-35　自感应磁场元冲量和外加磁场元冲量随外加磁场大小的变化

外加磁场较弱时(0～1.0T)，不同外加磁场大小条件下，放电电流和放电电流平方波形如图 6-36 所示。此时，随着外加磁场大小的增加，放电电流峰值和自感应磁场元冲量面积下降，因此自感应磁场元冲量降低。由式(6-22)可知，一方面，外加磁场产生的元冲量与外加磁场大小成正比；另一方面，外加磁场所产生的元冲量与放电电流曲线与纵坐标为 0 的直线所围成的面积(简称外加磁场元冲量面积)成正比。当面积大于零时，产生正元冲量；当面积小于零时，产生负元冲量。由图 6-36 可知，外加磁场元冲量面积始终大于零，因此产生正元冲量。虽然外加磁场增加时，外加磁场元冲量面积减小，这会在一定程度上减小正元冲量。但是，外加磁场大小成倍增加，会使外加磁场产生的正元冲量成倍增加。此时，外加磁场大小增加所提高的正元冲量占主导作用，因此增加外加磁场会使其产生的正元冲量增加。虽然外加磁场产生元冲量的增加一直持续到外加磁场约为 1.75T 时，但是由于外加磁场大于 1.0T 后，外加磁场元冲量增加的幅度小于外加磁场增加而导致的自感应磁场元冲量下降的幅度，因此外加磁场大于 1.0T 后，元冲量会随着外加磁场的增加而下降。

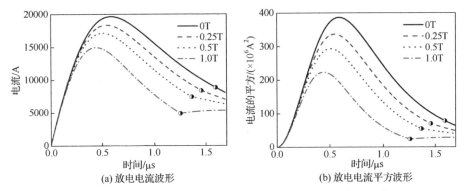

图 6-36　不同外加磁场大小时(0~1.0T)的放电电流及其平方波形

外加磁场较强时(1.5~3.0T)，不同外加磁场大小条件下，放电电流和放电电流平方波形如图 6-37 所示。由图 6-37(a)可知，随着外加磁场的增加，放电电流的正向峰值减小，并且在电流片喷出极板前逐渐出现反向电流，而且放电电流的反向峰值逐渐增大。随着外加磁场的增加，反向峰值的增加会使外加磁场产生的负元冲量增加。由图 6-37(b)可知，自感应磁场元冲量面积随着外加磁场的增加而下降。当外加磁场带来的负效应高于正效应时，元冲量会随着外加磁场的增加而下降。

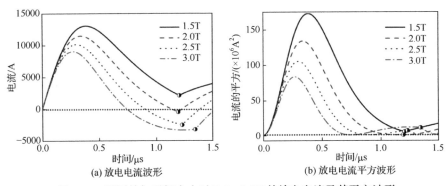

图 6-37　不同外加磁场大小时(1.5~3.0T)的放电电流及其平方波形

当外加磁场大小从 0T 增加到 3.0T 时，元冲量相对增长率跨越的范围为 −35.8%~26.5%，跨度为 62.3%，这说明外加磁场对推力器的性能有较大的影响。因此，施加一定大小的外加磁场有利于推力器性能的提高，但是外加磁场的大小不能过大，否则会对推力器性能产生不利影响。

2. 外加磁场位置和长度对 LAPPT 性能的影响

为了研究外加磁场位置对 LAPPT 性能的影响，保持推力器施加磁场的长度恒定，只改变施加磁场左边界的位置。其中，左边界从极板的最左端开始，每次增加 0.1mm，直到施加磁场的右边界到达极板的最右端。图 6-38 为外加磁场长度分别为 1mm 和 5mm 时，元冲量随着外加磁场左边界位置的变化趋势图(为了展示清晰，两点之间省略 5 个计算点)。由图 6-38 可知，随着外加磁场左边界位置逐渐向右移动，元冲量先上升后下降，元冲量在极板中间的某个位置达到最大值。因此，外加磁场在极板中间的某个位置开始施加时的效果最好。这不同于 LES-6 PPT 和 LES-8/9 PPT 的仿真计算结果。它们的外加磁场在极板的最左端开始施加时的效果最好[3]。

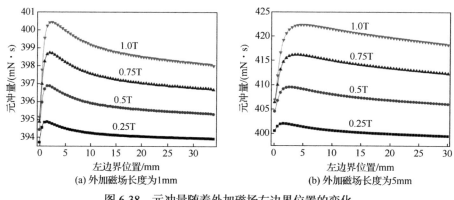

图 6-38　元冲量随着外加磁场左边界位置的变化

由于 LAPPT 施加外加磁场的最佳位置在极板中间，所以为了研究外加磁场长度对推力器性能的影响，采用研究外加磁场位置影响相同的方法，即在任意外加磁场长度下，将左边界从极板的最左端开始，每次增加 0.1mm，直到施加磁场的右边界到达极板的最右端。最后将每一个外加磁场长度的元冲量最大值提取出来，得到的最大元冲量随着外加磁场长度的变化如图 6-39(a)所示。由图可知，随着施加外加磁场长度的增加，最大元冲量先增加后略有下降，这说明施加磁场长度并不是越长越好。最大元冲量左边界位置随外加磁场长度的变化如图 6-39(b)所示。由图可知，虽然中间略有波动，但是左边界位置大体随着外加磁场长度的增加而呈现先增加后下降的趋势。

图 6-39(c)所示为最大元冲量增长率随着外加磁场长度的变化趋势图。由图可知，随着外加磁场长度的增加，最大元冲量增长率一直在下降，并且在长度较长时，最大元冲量增长率为负值。最大元冲量相对增长率随外加磁场长度的变化如图 6-39(d)所示。由图可知，随着外加磁场长度的增加，最大元冲量相对增长率先增加后略有下降。同时，考虑施加磁场长度增加时，推力器的系

统质量会增加，因此需要考虑最佳外加磁场长度，以在推力器系统质量和推力器性能之间取得平衡。此时将最大元冲量相对增长率为 10%时的外加磁场长度视为最佳外加磁场长度，图 6-39(d)中的虚线为元冲量相对增长率为 10%的分界线。由图 6-39(d)可知，外加磁场为 0.25T、0.5T、0.75T、1.0T 时的最佳施加磁场长度，分别约为 28mm、14mm、10mm、8mm，这表明外加磁场大小的增加会使最佳外加磁场长度缩短。

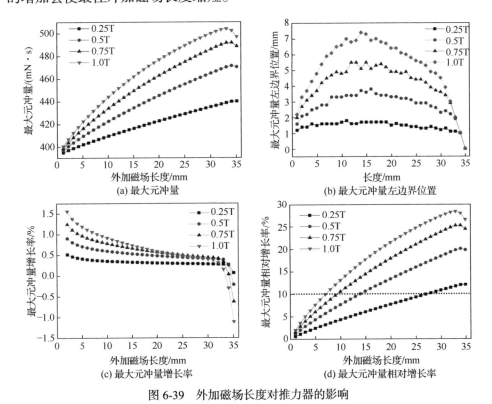

图 6-39　外加磁场长度对推力器的影响

由于外加磁场必然会增加推力器系统的尺寸和重量，因此应该针对具体推力器的需求，对外加磁场的大小、位置和长度进行优化设计，使得提高推力器性能的同时减少系统增加的重量。

6.4　本章小结

本章根据 LAPPT 与 APPT 工作过程的不同，在传统 APPT 机电模型的基础上建立带外加磁场的 LAPPT 性能仿真模型，并用三种不同能量水平的推力器实验数据验证该模型的可靠性。然后，研究不同电参数、电流片初始状态参数、等离子体参数和外加磁场对推力器性能的影响，获得以下主要结论。

(1) 电容容量不变时，增加初始电压可以有效增加元冲量，但是过高的初始电压会使推进效率降低，同时过高的初始电压会提高对电容器的要求，因此初始电压不宜过高。初始电压不变时，增加电容容量可增加元冲量但增加速度逐渐减缓，而过高的电容容量会使推进效率降低，因此不能选择过高容量的电容器。相同放电能量时，过高或过低的电容容量都不利于推力器性能的提高。在 24J 的能量下，使用 6μF 的电容器可获得较好的性能。电路电阻和电路电感的增加对推力器的性能发挥非常不利，所以应尽可能降低电路电阻和电路电感。

(2) 虽然单脉冲烧蚀质量的增加可以有效增加推力器的元冲量，但是会降低推力器的比冲，而且推进效率在单脉冲烧蚀质量超过一定数值后也会下降。初始速度的增加会使洛伦兹力对推进性能的贡献降低，而且其对推力器性能的影响较小，有时候甚至会产生不利的影响。因此，电流片具有一定的初始速度，可能并不是 LAPPT 比 APPT 性能提高的关键因素。

(3) 电子温度和数密度的提高有利于推力器性能的提高。由于激光等离子体进入放电通道后会进一步电离，可能会提高电子温度和数密度，因此电子温度和数密度的提高，可能是 LAPPT 性能高于传统 APPT 的原因之一。

(4) 施加一定大小的外加磁场有利于推力器性能的提高，但是外加磁场的大小不能过大，否则会对推力器性能产生不利影响。仿真发现，外加磁场在极板中间某个位置开始施加效果最好，并且外加磁场大小的增加会使最佳施加磁场长度缩短。因此，为了有效提高推力器性能并减少系统的质量，应该合理对外加磁场的大小、位置和长度进行设计。

参 考 文 献

[1] Turchi P J, Mikellides P G. Modeling of ablation-fed pulsed plasma thrusters[R]. San Diego: American Institude of Aeronautics and Astronautics, 1995: 10-12.

[2] 张华, 吴建军, 张代贤, 等. 用于脉冲等离子体推力器烧蚀过程仿真的新型机电模型[J]. 物理学报, 2013, 62(21): 210202.

[3] 谭胜, 吴建军, 陈鑫, 等. 外加磁场对脉冲等离子体推力器性能的影响[J]. 推进技术, 2019, 40(5): 1177-1188.

[4] 刘祺, 杨磊, 黄玉平, 等. 脉冲等离子体推力器放电电离二维 PIC 建模与仿真[J]. 空间控制技术与应用, 2018, 44(2): 67-72.

[5] Liu Q, Yang L, Huang Y P, et al. PIC simulation of plasma properties in the discharge channel of a pulsed plasma thruster with flared electrodes[J]. Plasma Science and Technology, 2019, 21: 74005.

[6] 尹乐. 脉冲等离子体推力器工作过程及羽流的数值仿真研究[D]. 长沙: 国防科学技术大学, 2009.

[7] Zhong Q, Wang P, Du Z. Three dimensional numerical study of plume characteristics of a pulsed plasma thruster[R]. Hartford: American Institute of Aeronautics and Astronautics, 2008.

[8] Neudorfer J, Stindl T, Schneider R, et al. Three-dimensional particle-in-cell simulation of a pulsed plasma thruster: Modeling and challenges[C]//The 32nd International Electric Propulsion Conference, 2011.

[9] Nada T R. One-dimensional model of a pulsed plasma thruster[J]. Aeronautical Journal, 2013, 117(1195): 929-942.

[10] 程笑岩, 刘向阳, 黄启陶, 等. 舌形张角型脉冲等离子体推力器极板结构参数影响仿真研究[J]. 深空探测学报, 2017, 4(3): 225-231.

[11] 张代贤. 激光支持脉冲等离子体推力器理论、实验与仿真研究[D]. 长沙: 国防科学技术大学, 2014.

[12] 张锐. 脉冲等离子体推力器工作过程仿真研究[D]. 长沙: 国防科学技术大学, 2008.

[13] Shaw P V, Lappas V J. Mathematical modeling of high efficiency pulsed plasma thrusters for microsatellites[C]//The 57th International Astronautical Congress, 2006.

[14] Takegahara H, Ohtsuka T. Performance improvement study of pulsed teflon plasma thruster—Part I : Effects of applied magnetic field on performance[J]. Japan Society for Aeronautical and Space Sciences, 1993, 41(478): 37-44.

[15] 张志伟, 叶继飞, 祝超, 等. 激光与电磁组合推进中能量对推进性能的影响[J]. 机电产品开发与创新, 2019, 32(3): 68-71.